普通高等教育"十三五"规划教材

分子生物学实验指导

郜金荣　主编

化学工业出版社

·北京·

本书包括分子生物学基础实验、综合性实验、研究性实验以及考研参考实验四部分内容,涵盖了分子生物学研究的最新实验方法和技术。在编写方面,本书比一般实验指导书增加了实验的准备和实验的时间安排,方便教师做预备实验或学生做开放性实验;在研究性实验中增加了实验用途,特别适合学生考研复习。

本书适用于本科院校生物科学、生物技术、生物工程等相关专业学生使用,并可为相关实验人员、研究人员提供实验参考,也可作为本科生的考研指导。

图书在版编目(CIP)数据

分子生物学实验指导/郜金荣主编 . —北京:化学工业出版社,2015.7(2024.8重印)
ISBN 978-7-122-23965-5

Ⅰ.①分… Ⅱ.①郜… Ⅲ.①分子生物学-实验
Ⅳ.①Q7-33

中国版本图书馆 CIP 数据核字(2015)第 101853 号

责任编辑:魏 巍 赵玉清　　　　　　　　装帧设计:关 飞
责任校对:宋 玮

出版发行:化学工业出版社(北京市东城区青年湖南街 13 号　邮政编码 100011)
印　　装:北京科印技术咨询服务有限公司数码印刷分部
710mm×1000mm　1/16　印张 11¾　字数 233 千字　2024 年 8 月北京第 1 版第 4 次印刷

购书咨询:010-64518888　　　　　　　　售后服务:010-64518899
网　　址:http://www.cip.com.cn
凡购买本书,如有缺损质量问题,本社销售中心负责调换。

定　价:26.00 元

《分子生物学实验指导》 编写人员名单

主　　编　郜金荣

副 主 编　王宝琴　雷　湘　李晓玲

编写人员　（按姓氏汉语拼音排序）

代建丽　郜金荣　巩校东

郭鲜蒲　黄权军　雷　湘

李世杰　李晓玲　刘楠楠

宋新强　王宝琴　吴业颖

易　飞　张国彬　周　佁

前言

伴随全球生物科学的高速发展，《国家科学和技术发展中长期规划纲要（2006—2020年）》提出了在 2020 年使我国转变为"创新导向型"国家的战略目标，《"十二五"国家战略性新兴产业发展规划》也将大力推进生物类新产品的研发及产业化，《"十二五"生物技术发展规划》提出将建立多渠道投入机制，加大财税金融等政策扶持力度，推动"十二五"期间我国生物技术整体水平进入世界先进行列。作为生命科学的基础，分子生物学技术已经成为生命科学及相关学科教学和科研不可缺少的重要部分，是生命科学相关专业本科学生必须掌握的核心技术。

为了适应高校教学改革，提高教学质量，培养高级应用型本科人才，我们根据多年的教学经验，编写了本教材。本教材分为基础实验、综合性实验、研究性实验及考研参考实验四个部分。从实验目的、原理、实验所需的仪器材料、试剂的配制到实验步骤、结果分析、注意事项等各个方面都做了较为详细的叙述，力求每个实验都具有科学性、实用性和可靠性，可供生命科学相关专业的各层次学生根据自己的不同需求而选用。

由于我们水平有限，同时分子生物学技术发展又非常迅速，希望读者在使用本教材的过程中发现不妥之处，不吝批评指正。

编者
2015 年 3 月

目录
Contents

第一部分 基础实验

实验 1 质粒的提取

（Ⅰ）碱　　法

一、实验部分

1. 实验目的

（1）学习碱法提取质粒的基本原理。

（2）掌握碱法提取质粒的操作方法。

2. 实验原理

质粒的分离是分子生物学研究中最基本的技术，碱法是一种经典的分离质粒 DNA 的方法，碱变性抽提质粒 DNA 是基于染色体 DNA 与质粒 DNA 的变性与复性的差异而达到分离目的。将细菌悬浮于葡萄糖等渗溶液中，加入 SDS 一类去污剂使细菌裂解，在 pH 值高达 12.6 的碱性条件下，染色体 DNA 的氢键断裂，双螺旋结构解开而变性。质粒 DNA 的大部分氢键也断裂，但超螺旋共价闭合环状的两条互补链不会完全分离，当以 pH4.8 的乙酸钠高盐缓冲液去调节其 pH 值至中性时，变性的质粒 DNA 又恢复原来的构型，保留在溶液中，染色体 DNA 不能复性而形成缠绕的网状结构，通过离心，不能正确复性的染色体 DNA 与不稳定的大分子 RNA、蛋白质-SDS 复合物等一起沉淀下来而被除去。

3. 实验仪器、材料及试剂

（1）仪器与耗材

恒温摇床、超净工作台、高压灭菌锅、旋涡振荡器、制冰机、台式离心机、微量移液器、冰箱；Tip 头、Ep 管、三角瓶、培养皿等。

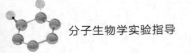

（2）材料

含质粒的大肠杆菌 DH5α 菌株。

（3）试剂

① LB 培养基

10g/L 蛋白胨，5g/L 酵母提取物，10g/L NaCl，pH7.0（固体培养基另加 15g/L 琼脂），120℃高压灭菌 20min 后备用。

② 溶液Ⅰ

50mmol/L 葡萄糖、25mmol/L Tris-HCl（pH8.0）、10mmol/L EDTA（pH8.0），高压灭菌后，4℃保存备用。

③ 溶液Ⅱ（新鲜配制）

浓度为 0.2mol/L NaCl，1%SDS（如总体积 1mL：0.8mL 无菌去离子水，加 0.1mL 2mol/L NaCl，摇匀，加 0.1mL 10%SDS 摇匀）。

④ 溶液Ⅲ

5mol/L 乙酸钾 60mL、冰乙酸 11.5mL，蒸馏水 28.5mL（pH4.8）。

⑤ 氨苄青霉素（Amp）

用无菌蒸馏水配制 100mg/mL 氨苄青霉素贮存液，−20℃保存备用。

⑥ RNaseA 溶液

用无菌水配制 10mg/mL 的 RNaseA 溶液。配成的 RNaseA 的溶液在沸水浴中加热 15min，自然冷却至室温，分装成小份，−20℃保存。

⑦ TE 缓冲液

含 10mmol/L Tris-HCl（pH8.0）和 1mmol/L EDTA（pH8.0）。高压灭菌后冷却至室温，加入 RNaseA 溶液，至终浓度 20μg/mL。

⑧ 苯酚/氯仿/异戊醇（25∶24∶1）

⑨ 70%乙醇

⑩ 无水乙醇

4. 实验步骤

（1）在超净工作台上，用接种环挑取单菌落放入 50mL LB 液体培养基中（含 50～100μg/mL 的 Amp），37℃下振荡培养过夜。

（2）取 1.5mL 菌液于 Ep 管中，12000r/min 离心 2min 收集菌体，弃去上清液，将 Ep 管倒置于吸水纸上使液体流尽。

（3）在菌体沉淀中加入 100μL 溶液Ⅰ，涡旋振荡使菌体充分悬浮。

（4）加入 200μL 溶液Ⅱ，立即温和颠倒 Ep 管 5～10 次（不要振荡），直至菌悬液透亮，室温放置 5min。

（5）加入 150μL 溶液Ⅲ，立即温和颠倒 Ep 管 5～10 次充分混匀，冰浴 5min。

（6）12000r/min 离心 10min，将上清液移至新的 Ep 管中。

（7）加入等体积苯酚/氯仿/异戊醇，振荡抽提，12000r/min 离心 10min。

（8）将水相移至新 Ep 管中，加 1/10 体积的乙酸钠，再加入 2 倍体积的无水乙醇，－20℃放置 30min 沉淀质粒 DNA。

（9）12000r/min 离心 10min，弃去上清液，将 Ep 管倒置于吸水纸上，使液体流尽。

（10）加入 70％乙醇 500μL 洗涤沉淀，12000r/min 的转速离心 2min，弃去上清液，将 Ep 管倒置于吸水纸上，使液体流尽，空气中干燥 10～15min。

（11）加入 20μL TE（含 20μg/mL 的 RNaseA）缓冲液，溶解质粒 DNA，－20℃保存。

5. 实验结果

提取的质粒 DNA 可经琼脂糖凝胶电泳检验，本方法可获得高拷贝数质粒 DNA 约 1μg。提取的质粒 DNA 可直接用于限制性内切酶的酶切、PCR 扩增等。

6. 注意事项

（1）溶液Ⅱ要新鲜配制。

（2）加入溶液Ⅱ后要快速操作，混匀时溶液呈黏性即可，动作一定要轻，防止 DNA 断裂。

（3）苯酚/氯仿/异戊醇有强腐蚀性，小心操作。

7. 思考题

（1）NaOH 在质粒提取中的主要作用是什么？

（2）苯酚/氯仿/异戊醇在质粒分离纯化中的主要作用是什么？

（3）溶液Ⅱ中加入 SDS 有什么作用？

二、实验准备工作

1. 试剂的配制及灭菌

（1）溶液Ⅰ

称取 0.99g 葡萄糖溶于 80mL 蒸馏水中，加入 1mol/L Tris-HCl（pH8.0）2.5mL、0.5mol/L EDTA（pH8.0）2mL，定容至 100mL，高压灭菌后，4℃保存。

（2）溶液Ⅱ

称取 8g NaOH、10g SDS 分别溶于 80mL 去离子水中，分别定容至 100mL，室温保存。

（3）5mol/L 乙酸钾

称取 49.07g 乙酸钾溶于 80mL 蒸馏水中，定容至 100mL，室温保存。

2. 实验器皿的清、洗、包、灭

Tip 头、Ep 管需要装盒高压灭菌；LB 培养基要装瓶高压灭菌。

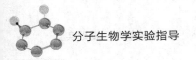

三、实验时间安排

第一天：试剂的配制和灭菌，细菌的振荡培养。

第二天：质粒 DNA 的提取。

（Ⅱ）硅 石 粉 法

一、实验部分

1. 实验目的

(1) 了解硅石粉法纯化质粒的基本原理。

(2) 学习硅石粉法纯化质粒的操作方法。

2. 实验原理

硅石粉在一定条件下可以选择性吸附 DNA。在水溶液中 DNA 分子带负电荷，硅石粉表面的硅氧键水化后也带负电荷，DNA 分子和硅胶之间产生静电排斥，硅石粉不能结合 DNA；当溶液中含有高浓度阳离子时，阳离子在 DNA 与硅石粉表面形成阳离子桥，DNA 吸附在硅石粉表面；当溶液离子浓度再次降低时，水分子破坏了硅石粉表面阳离子桥，硅石粉表面再次水化带负电荷，DNA 从硅石粉表面解吸，释放到溶液中。

用硅石粉纯化质粒 DNA 时，先用碱法提取质粒 DNA，再在高盐条件下用硅石粉特异性吸附质粒 DNA，并用 70％乙醇溶液洗去不被硅石粉吸附的杂质（蛋白质和多糖等），最后利用超纯水洗脱硅石粉上吸附的质粒 DNA，获得高纯度的质粒。

3. 实验仪器、材料及试剂

(1) 仪器与耗材

恒温摇床、超净工作台、高压灭菌锅、旋涡振荡器、台式离心机、制冰机、制纯水机、微量移液器、冰箱。Tip 头、Ep 管、三角瓶、培养皿等。

(2) 材料

含质粒的大肠杆菌 DH5α 菌株。

(3) 试剂

① LB 培养基［参见实验（Ⅰ）］。

② 溶液Ⅰ、Ⅱ、Ⅲ［参见实验（Ⅰ）］。

③ 氨苄青霉素（Amp）［参见实验（Ⅰ）］。

④ 硅石粉悬液。

⑤ 70％乙醇。

⑥ 6mol/L 盐酸胍。

4. 实验步骤

(1) 在超净工作台上，用接种环挑取单菌落放入 50mL LB 液体培养基中（含 50～100μg/mL 的 Amp），37℃下振荡培养过夜。

(2) 取 1.5mL 菌液于 Ep 管中，12000r/min 离心 2min 收集菌体，弃去上清液，将 Ep 管倒置于吸水纸上使液体流尽。

(3) 在菌体沉淀中加入 100μL 溶液 Ⅰ，涡旋振荡使菌体充分悬浮。

(4) 加入 200μL 溶液 Ⅱ，立即温和颠倒 Ep 管 5～10 次充分混匀（不要振荡），室温放置 5min。

(5) 加入 150μL 溶液 Ⅲ，立即温和颠倒 Ep 管 5～10 次充分混匀，冰浴 5min。

(6) 12000r/min 离心 10min，将上清液移至新的 Ep 管中。

(7) 加入 6mol/L 盐酸胍 600μL，混匀后，再加入 50μL 硅石粉悬液混匀，12000r/min 离心 5min，弃去上清液。

(8) 加入 70％乙醇 1mL，充分悬起硅石粉，12000r/min 离心 5min，弃去上清液。

(9) 重复步骤 8。

(10) 干燥沉淀 10min。

(11) 加入 50μL 超纯水，65℃水浴 5min。

(12) 室温下，12000r/min 离心 5min。

(13) 取上清液至新的 Ep 管中，—20℃储存。

5. 实验结果

提取的质粒 DNA 可经琼脂糖凝胶电泳检验，用硅石粉法纯化 DNA，无需酚抽提，DNA 回收率高，纯度满足 DNA 酶切、测序、连接、转化和体外转录等分子操作。

6. 注意事项

(1) 加入溶液 Ⅱ、溶液 Ⅲ 后，轻轻颠倒混匀，防止基因组 DNA 断裂，此过程与碱法提取质粒 DNA 一致。

(2) 65℃水浴有利于质粒充分从硅石粉上解吸，提高质粒 DNA 的回收率。

7. 思考题

(1) 实验中，盐酸胍的作用是什么？

(2) 本实验中如何除去样品中的 RNA？

二、实验准备工作

1. 试剂的配制及灭菌

(1) 溶液 Ⅰ、溶液 Ⅱ、溶液 Ⅲ ［参见实验（Ⅰ）］。

(2) 硅石粉悬液。

称取 5g 硅石粉，加 20mL 超纯水，完全悬浮，然后静置 2h，轻轻的倾去浑浊的悬液，保留沉淀，重复清洗沉淀 3 次，用 20mL 超纯水悬浮硅石粉，4℃保存备用。

2. 实验器皿的清、洗、包、灭

Tip 头、Ep 管需要装盒高压灭菌；LB 培养基要装瓶高压灭菌。

三、实验时间安排

第一天：试剂的配制和灭菌，细菌的振荡培养。

第二天：质粒 DNA 的提取和纯化。

实验 2 质粒 DNA 琼脂糖凝胶电泳

一、实验部分

1. 实验目的
（1）学习琼脂糖凝胶电泳检测 DNA 的基本原理。
（2）掌握琼脂糖凝胶电泳的操作方法。

2. 实验原理
琼脂糖是电泳中的支持介质，其密度和形成的孔径大小取决于琼脂糖的浓度，选用不同浓度的琼脂糖凝胶，可分离 200bp～50kb 的 DNA 片段。DNA 分子在琼脂糖凝胶中泳动时有电荷效应和分子筛效应。DNA 分子在高于等电点的 pH 值溶液中带负电荷，在电场中向正极移动。由于糖-磷酸骨架在结构上的重复性质，相同数量的双链 DNA 几乎具有等量的净电荷，因此它们能以同样的速度向正极方向移动。在一定的电场强度下，DNA 分子的迁移速度取决于分子筛效应，即 DNA 分子本身的大小和构型。具有不同的相对分子质量的 DNA 片段泳动速度不一样，可将其进行分离。DNA 分子的迁移速度与相对分子质量的对数值成反比关系。

琼脂糖凝胶可用低浓度的荧光染料溴化乙锭（ethidium bromide，EB）染色，在紫外光下可以灵敏地检出发橙色荧光的 DNA 样品，根据标准 DNA Marker 和质粒 DNA 片段在凝胶中的相对位置，可以判断待检测 DNA 片段的大小。

3. 实验仪器、材料及试剂
（1）仪器与耗材
微量移液器、电泳设备、紫外分析仪、微波炉（电炉）、台式离心机、高压灭菌锅、冰箱、Tip 头、一次性手套等。
（2）材料
实验（Ⅰ）提取的质粒。
（3）试剂
① 琼脂糖。
② DNA Marker。
③ 1×TAE 电泳缓冲液 含 40mmol/L Tris-乙酸盐，1mmol/L EDTA，用 50×TAE 母液稀释。
④ 6×加样缓冲液 含 2.5mg/mL 溴酚蓝和 0.4g/mL 蔗糖。
⑤ 10mg/mL 溴化乙锭（EB）母液。

4. 实验步骤
（1）凝胶的制备

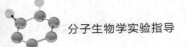

① 配胶：称取一定量的琼脂糖于三角瓶中，按照比例加入 1×TAE 电泳缓冲液，加热至完全溶解，无颗粒状琼脂糖，待其自然冷却到不烫手时（50～60℃）。

② 制胶：选择合适的制胶板放入制胶槽，插好梳子，将凝胶倒入制胶槽中，在室温下放置 20～30min，使其自然凝固。凝固后拔去梳子，将制胶板连同凝胶放入电泳槽，倒入适量 1×TAE 电泳缓冲液，浸没过凝胶约 1mm。

（2）样品制备

取适量质粒 DNA 样品溶液，加入约 1/6 样品体积的 6×加样缓冲液，混匀。

（3）点样

将 DNA Marker、DNA 样品按顺序加入加样孔内。

（4）电泳

接通电源（点样孔应在负极），恒压 80～100V 进行电泳。

（5）结果观察

当溴酚蓝带迁移到距凝胶下缘 1～2cm 时，停止电泳，关闭电源，取出凝胶，EB 染色约 20min（小搪瓷盘中加适量去离子水，滴加几滴 EB，混匀，至呈微黄色即可），紫外分析仪进行观察和分析。

5. 实验结果

电泳后在凝胶中可观察到 DNA Marker 和质粒 DNA 的条带，根据 DNA Marker 和质粒 DNA 片段在凝胶中的相对位置，可以判断质粒的大小。

6. 注意事项

（1）制胶时琼脂糖要完全溶解，注意凝胶浓度与待检测质粒 DNA 分子量之间的关系。

（2）点样时 Tip 头不要碰破点样孔；每加完一个样，可在阳极池缓冲液内吸打洗涤 Tip 头后再用，不必每个样品换一个 Tip 头。

（3）EB 是诱变剂，戴手套操作，防止污染。

7. 思考题

（1）电泳中为什么要用加样缓冲液？

（2）电泳缓冲液的作用是什么？除了 TAE 缓冲液，还有哪些常用的电泳缓冲液？

（3）溴化乙锭为什么可以对 DNA 进行染色？

二、实验准备工作

1. 试剂的配制及灭菌

（1）50×TAE 电泳缓冲液

称取 Tris 24.2g 溶于 80mL 蒸馏水中，加入 0.5mol/L EDTA（pH8.0）10mL，冰乙酸 5.71mL，定容至 100mL。

（2）6×加样缓冲液

称取 0.025g 溴酚蓝和 4g 蔗糖溶于 8mL 蒸馏水中，定容至 10mL，4℃保存。

（3）10mg/mL 溴化乙锭（EB）母液

称取 1g 溴化乙锭溶于 80mL 蒸馏水中，定容至 100mL，置于棕色瓶中保存。

2. 实验器皿的清、洗、包、灭

Tip 头需要装盒高压灭菌。

三、实验时间安排

第一天：试剂的配制和灭菌，质粒 DNA 的提取。

第二天：质粒 DNA 的琼脂糖凝胶电泳。

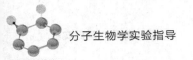

实验 3　质粒 DNA 酶切检查

一、实验部分

1. 实验目的

（1）掌握限制性内切酶的特性。

（2）学习限制性内切酶消化质粒 DNA 的基本原理。

（3）掌握限制性内切酶消化质粒 DNA 的操作步骤。

2. 实验原理

限制性内切核酸酶是一类识别双链 DNA 分子中的特定核苷酸序列，并将其切割的核酸内切酶，共分 Ⅰ 型、Ⅱ 型、Ⅲ 型三种类型，其中 Ⅱ 型酶识别 4～6 个回文对称的核苷酸序列，并在识别序列内切割，产生平齐末端或黏性末端的双链 DNA 片段。Ⅱ 型酶是 DNA 重组技术中的重要工具酶。影响限制性内切酶活性的因素很多，除反应温度、反应时间、反应缓冲体系、DNA 的纯度和浓度外，样品中残留污染物如：苯酚、氯仿、乙醇、EDTA、EB、SDS 以及琼脂糖凝胶中的硫酸根离子也会抑制酶活性，影响酶切效果。

本实验根据质粒 DNA 上含有的酶切位点，选择相应的限制性内切酶对质粒和目的片段进行切割，为进行体外连接形成重组 DNA 分子奠定基础。同时还可以用酶切对重组 DNA 分子进行鉴定。

3. 实验仪器、材料及试剂

（1）仪器与耗材

微量移液器、制冰机、制纯水机、高压灭菌锅、恒温水浴锅、台式离心机、冰箱、Tip 头、Ep 管等。

（2）材料

实验 1 提取的质粒。

（3）试剂

① 限制性内切酶。

② 10×限制性内切酶缓冲液。

4. 实验步骤

（1）根据质粒 DNA 上含有的酶切位点，选择相应的限制性内切酶进行酶切反应。

（2）建立反应体系：取一 Ep 管，按下列顺序分别加入以下成分。

	单酶切	双酶切
ddH$_2$O	15～13μL	14～12μL
10×Buffer	2μL	2μL
质粒 DNA	2～4μL	2～4μL
限制性内切酶（5U/μL）	1μL	两种酶各 1μL
总体积	20μL	20μL

（3）轻弹管壁混匀后，用台式离心机瞬时离心，于37℃水浴锅中酶切 1h。

（4）电泳检验酶切结果（具体操作参见实验2）。

5. 实验结果

以质粒为对照，质粒常会出现两条电泳带，一条是松弛螺旋状质粒 DNA 带，另一条是超螺旋状质粒 DNA 带；质粒单酶切后为线性分子，是一条带；双酶切后将质粒切成两条线性分子，在电泳条带上可看出差别。

6. 注意事项

（1）确定反应体系中的各成分，添加体积要准确。

（2）酶放在冰上操作，操作时，手拿管子上端，不要握在管子的底部。

（3）每种成分必须单独使用枪头，避免交叉污染。

（4）混匀管中的各成分后再将液体离心到管底。

（5）管盖盖严，避免温育时水蒸气进入管内。

（6）反应体系中，TE 溶解的 DNA 和内切酶均要达到稀释 5～10 倍。否则，TE 中的 EDTA 和没储存液中的甘油均会抑制酶活性，影响酶切效果。

7. 思考题

（1）限制性内切酶有哪些类型？实验中所用的为哪种类型？

（2）什么是星号活性？哪些因素可引发星号活性？

（3）进行双酶切时怎样选择限制性内切酶缓冲液？

二、实验准备工作

1. 试剂的配制及灭菌（略）

2. 实验器皿的清、洗、包、灭

Tip 头、Ep 管需要装盒高压灭菌。

三、实验时间安排

第一天：质粒 DNA 的提取。

第二天：质粒 DNA 酶切检查。

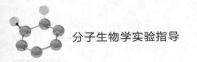

实验 4　DNA 片段的回收

（Ⅰ）低熔点琼脂糖法

一、实验部分

1. 实验目的

（1）学习低熔点琼脂糖法回收 DNA 片段的基本原理。

（2）掌握低熔点琼脂糖法回收 DNA 片段的操作步骤。

2. 实验原理

DNA 片段的分离与回收是分子生物学及基因工程操作中的一项重要技术，如何收集特定酶切片段，目前已有多种方法，如从琼脂糖凝胶中电洗脱回收法、NA-45 纸电泳回收法、低熔点琼脂糖凝胶法、玻璃奶法等。

低熔点琼脂糖凝胶法是利用低熔点琼脂糖比标准琼脂糖在更低的温度下熔化和凝固，该类型的琼脂糖在 65℃熔化，这个温度远低于双链 DNA 的解链温度这一特性，从电泳分离好的低熔点琼脂糖凝胶中，切出含有目的片段的胶。将胶块溶解进行酚抽提或者经 Elutip-d 柱纯化，不需要进一步抽提或经 Elutip-d 柱纯化。

3. 实验仪器、材料及试剂

（1）仪器与耗材

微量移液器、电泳设备、恒温水浴锅、紫外分析仪、旋涡振荡器、微波炉（电炉）、台式离心机、高压灭菌锅、冰箱、Tip 头、Ep 管、一次性手套、解剖刀等。

（2）材料

DNA 样品。

（3）试剂

① 1×TAE 电泳缓冲液（参见实验 2）。

② 6×加样缓冲液（参见实验 2）。

③ 10mg/mL 溴化乙锭（EB）母液（参见实验 2）。

④ TE 缓冲液（参见实验 1）。

⑤ 其他：低熔点琼脂糖、DNA Marker、10mol/L 乙酸铵、氯仿/异戊醇（24∶1）、无水乙醇和 70%乙醇、平衡酚。

4. 实验步骤

（1）用一般琼脂糖凝胶的制备和电泳方法进行低熔点琼脂糖的电泳。

（2）电泳结束后，在紫外光下，用解剖刀快速切下含有所需 DNA 片段的凝胶条，放入 Ep 管中，加入 2 倍体积的 TE 缓冲液，在 65℃ 温浴 10min，使凝胶熔化。

（3）冷却至室温后，加入等体积的平衡酚，将混合液涡旋振荡 20s，12000r/min 离心 10min，回收水相，注意不要将界面的白色物质（粉状的琼脂糖）吸出。

（4）用等体积的氯仿/异戊醇抽提 1 次。

（5）水相转移至新的 Ep 管中，加入 1/10 体积的 5mol/L 乙酸铵和 2 倍体积的无水乙醇，混匀，－20℃放置 2h（或过夜），12000r/min 离心 10min，弃上清。

（6）70％乙醇洗沉淀，10～20μL TE 溶解，－20℃保存备用。

5. 实验结果

回收得到的 DNA 片段可经琼脂糖凝胶电泳或紫外分光光度法检测纯度和浓度，用于 DNA 的体外连接。

6. 注意事项

（1）DNA 在低熔点琼脂糖凝胶中的泳动速度快于常规凝胶，电泳时，所加电压应低于常规琼脂糖凝胶。

（2）低熔点琼脂糖法对大小在 0.5～5.0kb 的 DNA 片段回收效果较好，超过此范围，回收率低。

（3）溴化乙锭染色后的 DNA 易受紫外光破坏，切胶时间要尽量短。切凝胶时，使切出的凝胶条体积尽量最小，以减少抑制剂对 DNA 的污染量。

7. 思考题

（1）琼脂糖凝胶电泳时有哪些注意事项？

（2）低熔点琼脂糖和常规琼脂糖有哪些不同？除了回收 DNA 片段外，还有哪些用途？

二、实验准备工作

1. 试剂的配制及灭菌

（1）电泳缓冲液、加样缓冲液、EB 母液（参见实验 2）。

（2）5mol/L 乙酸铵：称取 38.542g 乙酸铵溶于 80mL 蒸馏水中，定容至 100mL。

2. 实验器皿的清、洗、包、灭

Tip 头、Ep 管需要装盒高压灭菌。

三、实验的时间安排

第一天：试剂的配制和材料的灭菌。

第二天：低熔点琼脂糖法回收 DNA 片段。

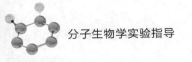

（Ⅱ）玻璃奶法

一、实验部分

1. 实验目的

（1）学习玻璃奶法回收 DNA 片段的基本原理。

（2）掌握玻璃奶法纯化回收 DNA 片段的操作技术。

2. 实验原理

玻璃奶试剂是一种超细的硅石粉，硅石粉在一定条件下可以选择性吸附 DNA ［参见实验 1（Ⅱ）］。用玻璃奶回收 DNA 片段时，先用琼脂糖凝胶电泳分离 DNA 片段，然后在高离子强度下，用玻璃奶吸附 DNA 片段，再用洗涤液洗去杂质，最后用超纯水洗脱玻璃奶上吸附的 DNA，可获得回收的 DNA 片段。

3. 实验仪器、材料及试剂

（1）仪器与耗材

微量移液器、电泳设备、紫外分析仪、微波炉（电炉）、台式离心机、恒温水浴锅、旋涡振荡器、高压灭菌锅、冰箱、Tip 头、Ep 管、一次性手套、解剖刀、吸水纸等。

（2）材料

DNA 样品。

（3）试剂

① 1×TAE 电泳缓冲液（参见实验 2）。

② 6×加样缓冲液（参见实验 2）。

③ 10mg/mL 溴化乙锭（EB）母液（参见实验 2）。

④ 其他：琼脂糖、DNA Marker、玻璃奶悬液、6mol/L 碘化钠溶液、洗涤液。

4. 实验步骤

（1）核酸琼脂糖凝胶电泳（具体操作参见实验 2）。

（2）紫外分析仪下，用解剖刀将 DNA 条带从胶上切割下来，放入已称重的 Ep 管中，称量切割出的凝胶，加入 3 倍于凝胶重量的碘化钠溶液。

（3）将 Ep 管置于 55℃水浴中 5～10min，直至凝胶完全溶化。

（4）加入 20μL 充分混匀的玻璃奶（使用前用旋涡振荡器振荡 3min），室温放置 5min，期间不时将离心管颠倒几次混匀，使 DNA 片段充分吸附于玻璃奶表面。

（5）12000r/min 离心 30s，弃去上清液。

（6）加入 800μL 4℃预冷的洗涤液，充分悬浮玻璃奶，12000r/min 离心 30s，弃去上清液。

（7）重复步骤 6 两次。

（8）用吸水纸仔细将 Ep 管壁上及管底残留的液体吸干。

（9）加入 $20\mu L$ 超纯水，混匀后将 Ep 管置于 55℃水浴 5min。

（10）12000r/min 离心 1min，将上清液小心地吸至另一个离心管，即为纯化的 DNA。

5. 实验结果

回收的 DNA 片段可用琼脂糖凝胶电泳检测，基本上不含 RNA、蛋白质及其它有机分子，可直接用于酶切、连接、探针制备、序列测定等。

6. 注意事项

（1）紫外光对视网膜有害，观察时应加玻璃罩，观察时间不宜太长。溴化乙锭染色后的 DNA 易受紫外光破坏，切胶时间要尽量短。

（2）DNA 洗涤液应保持在低温，否则可能使 DNA 从玻璃奶试剂上脱落而导致回收率降低。

（3）步骤（8）是关键操作，管壁和管底残留的洗涤液若不完全除去，可能导致玻璃奶试剂上结合的 DNA 不能充分被水洗脱。

7. 思考题

玻璃奶除能够从凝胶中纯化和回收 DNA 片段外，还有哪些用途？

二、实验准备工作

1. 试剂的配制及灭菌

（1）$50\times$TAE 电泳缓冲液、$6\times$加样缓冲液、EB 母液（参见实验2）。

（2）玻璃奶悬液：在 Ep 管中，用 $200\mu L$ 超纯水混悬等体积的经酸洗过的玻璃奶。

（3）6mol/L 碘化钠溶液：溶解 0.75g Na_2SO_3 于 40mL 水中，并加入 45g 碘化钠，搅动使其溶解，经 Whatman 滤纸过滤，置暗处保存（可用铝箔包裹），如发现有沉淀，应丢弃。

（4）洗涤液：20mmol/L Tris-HCl（pH7.4），1mmol/L EDTA（pH8.0），100mmol/L NaCl，加等体积的乙醇，4℃保存。

2. 实验器皿的清、洗、包、灭

Tip 头、Ep 管需要装盒高压灭菌。

三、实验时间安排

第一天：试剂的配制和灭菌。

第二天：DNA 片段的电泳和回收。

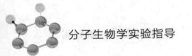 **实验 5　DNA 片段的体外连接**

一、实验部分

1. 实验目的

（1）学习 DNA 连接酶作用的原理。

（2）掌握 DNA 片段体外连接的操作步骤。

2. 实验原理

外源 DNA 与载体分子的体外连接就是 DNA 的体外重组，重新组合的 DNA 称为重组 DNA。DNA 连接酶是 DNA 连接反应的关键酶，从 T4 噬菌体感染的大肠杆菌中分离的 T4 DNA 连接酶是基因工程常用的连接酶，它可在双链 DNA 的 $5'$-磷酸和相邻的 $3'$-羟基之间形成新的磷酸二酯键将两个 DNA 片段连接起来。

本实验利用 T4 DNA 连接酶，在含有 Mg^{2+}、ATP 的连接缓冲系统中，将经相同的限制性内切酶酶切的载体分子与外源 DNA 分子进行连接，连接产物转化宿主细胞后，要对转化菌落进行筛选鉴定，挑选出所需的重组克隆。

3. 实验仪器、材料及试剂

（1）仪器与耗材

微量移液器、台式离心机、恒温水浴锅或冰箱、高压灭菌锅、Tip 头、Ep 管等。

（2）材料

载体 DNA 和外源 DNA 片段。

（3）试剂

① T4 DNA 连接酶。

② $10\times$T4 DNA 连接酶缓冲液。

4. 实验步骤

（1）建立反应体系，取无菌的 Ep 离心管，按下列顺序分别加入以下成分。

	实验组	对照组
$10\times$T4 DNA 连接酶缓冲液	$1\mu L$	$1\mu L$
插入 DNA 片段	$1\mu L$（$10\sim100ng$）	
酶切后的载体 DNA	$1\mu L$（$10\sim100ng$）	$1\mu L$（$10\sim100ng$）
T4 DNA 连接酶	$1\mu L$（$0.1\sim1U$）	$1\mu L$（$0.1\sim1U$）
补加 ddH_2O 至总体积	$10\mu L$	$10\mu L$

（2）盖好盖子，轻弹管壁混匀，用台式离心机瞬时离心，将液体全部甩到

管底。

(3) 12~16℃反应过夜。

(4) 连接产物用于转化感受态细胞。

5. 实验结果

连接产物转化大肠杆菌后，如在抗性平板上对照组未长出菌落，实验组长出菌落，则为重组转化的菌落，需要对重组子进一步鉴定。

6. 注意事项

(1) 根据具体情况调节反应体系的用量。平端连接比黏端连接的效率要低得多，可通过提高 DNA 连接酶浓度或增加 DNA 浓度来提高连接效率。

(2) 相同末端的载体与 DNA 片段进行连接时，容易发生自身连接环化，此时，应首先用碱性磷酸酶处理载体。除去 5′末端的磷酸基，以提高重组子的产率。

(3) 不同厂家生产的 T4 DNA 连接酶反应条件稍有不同，应尽量使用厂家推荐的最适反应条件。

(4) 载体分子数：外源片段分子数＝1∶10。

7. 思考题

(1) 连接反应时应注意哪些问题？

(2) 连接反应中为什么要使用连接酶缓冲液？其中含有哪些成分？

二、实验准备工作

1. 试剂的配制及灭菌（略）

2. 实验器皿的清、洗、包、灭

Tip 头、Ep 管需要装盒高压灭菌。

三、实验的时间安排

第一天：材料的灭菌，DNA 片段的体外连接。

第二天：转化大肠杆菌感受态细胞。

第三天：重组子的筛选和鉴定。

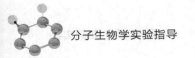
 实验6 大肠杆菌感受态细胞的制备和转化

一、实验部分

1. 实验目的
（1）学习大肠杆菌感受态细胞的制备方法。
（2）掌握质粒转化的原理和操作技术。

2. 实验原理
感受态是指受体细胞经过一些特殊方法（如：电击法，$CaCl_2$等化学试剂法）处理后，使细胞膜的通透性发生变化，成为能容许外源 DNA 分子通过的感受态细胞。即受体（或宿主）细胞最易接受外源 DNA 片段并实现其转化的一种生理状态。用于感受态细胞制备的大肠杆菌菌株一般是限制-修饰系统缺陷的突变株，即不含限制性内切酶和甲基化酶的突变株。

转化（transformation）是指将外源 DNA 或与载体构建的重组 DNA 导入受体细胞，使受体细胞获得新的遗传特性（如抗药性）的一种手段，是基因工程等研究领域的基本实验技术。进入细胞的 DNA 分子通过复制表达，才能实现遗传信息的转移，使受体细胞出现新的遗传性状。热激转化法的原理是当细菌处于 0℃、$CaCl_2$ 低渗溶液中，细菌细胞膨胀成球形，转化混合物中的 DNA 形成羟基-钙磷酸复合物黏附于细胞表面，经 42℃短时间热激处理，促使细胞吸收 DNA 复合物。处于对数生长期的细菌经 $CaCl_2$ 处理后接受外源 DNA 的能力显著增加。

3. 实验仪器、材料及试剂
（1）仪器与耗材
恒温摇床、电热恒温培养箱、台式高速离心机、超净工作台、低温冰箱、恒温水浴锅、制冰机、分光光度计、微量移液器；1.5mL Ep 管等。

（2）材料
E. coli DH5α 菌株（或 JM199）；pUC19 质粒。

（3）试剂
① LB 固体和液体培养基
② 氨苄青霉素（Ampicillin，简称 Amp）母液
配成 50mg/mL 的 Amp 水溶液（无菌水配制或过滤除菌），−20℃保存备用。
③ 含 Amp 的 LB 固体培养基
将配好的 LB 固体培养基高温高压灭菌后冷却至 60℃左右，加入 Amp 母液，使 Amp 终浓度为 50μg/mL，摇匀后铺平板。
④ 0.1mol/L $CaCl_2$灭菌溶液

⑤ 甘油-CaCl₂溶液

称取无水 CaCl₂ 0.56g，溶于 50mL 重蒸水中，加入 15mL 甘油，定容至 100mL，高温高压灭菌 15min。

⑥ 0.02g/mL X-gal（5-溴-4-氯-3-吲哚-β-D 半乳糖苷）溶液

用二甲基甲酰胺溶解 X-gal，配制成 20mg/mL 的贮存液。保存于玻璃管或聚丙烯管中，装有 X-gal 溶液的 Ep 管须用铝箔包裹以防因受光照而被破坏，并应贮存于 −20℃。X-gal 溶液无须过滤除菌。

⑦ 0.2g/mL IPTG 称取 IPTG 2g，定容至 10mL，过滤除菌，分装并贮存于 −20℃。

4. 实验步骤

（1）受体菌的培养

从活化的 *E.coli* DH5α 菌平板上挑取一单菌落，接种于 3～5mL LB 液体（不含抗生素）培养基中，37℃ 下振荡培养过夜（12h 左右），将该菌悬液以 1∶50～1∶100 的比例转接于 100mL LB 液体培养基中，37℃ 振荡扩大培养 2～3h，至 OD_{600}＝0.2～0.4 时停止培养。

（2）感受态细胞的制备（CaCl₂ 法）

① 取 1mL 培养物转入预冷的 1.5mL 离心管中，冰上放置 5min，然后于 0～4℃，4000r/min 离心 10min（以后所有操作均在冰上进行）。

② 弃去上清液，瞬时离心，再用移液器完全移除培养基，然后用预冷的 0.1mol/L 的 CaCl₂ 溶液 1mL 轻轻悬浮菌体，冰上放置 15min 后，4℃ 下以 4000r/min 离心 10min。

③ 弃去上清液，加入 200μL 预冷的 0.1mol/L CaCl₂ 溶液，轻轻悬浮细胞，冰上放置 15min，即成感受态细胞悬液。

④ 新制成的感受态细胞悬液于 4℃ 下放置 24h，可以有效提高转化效率。

⑤ 将感受态细胞分装成 100μL 的小份，贮存于 −70℃ 保存。

（3）转化

① 从 −70℃ 冰箱中取出 100μL 感受态细胞悬液，室温下使其解冻，解冻后立即置于冰上。

② 加入 1μL pUC19 质粒 DNA 溶液（含量＜50ng，体积＜10μL，小于感受态细胞体积的 1/10），轻轻摇匀，冰上放置 30min。

③ 42℃ 水浴中热激 90s，热激后迅速置于冰上冷却 3～5min。

④ 分别向转化后的离心管中加入 37℃ 预热的 800μL LB 液体培养基（不含 Amp），混匀后 37℃ 温和振荡培养 45min 至 1h，使细菌恢复正常生长状态，并表达质粒编码的抗生素抗性基因（*amp*）。

⑤ 将上述菌液摇匀后取 100μL，连同 100μL X-gal 储备液和 10μL IPTG 储备液均匀涂布于含 mp 的筛选平板上，正面向上放置 30min，待菌液完全被培养基吸

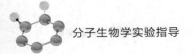

收后倒置培养皿，37℃培养 12～18h。

5. 实验结果

制备好的感受态细胞置于−70℃或−20℃甘油保存，质粒转化后于 12h 左右观察蓝白菌落。

6. 注意事项

（1）细胞的生长状态和密度：最好从−70℃或−20℃甘油保存的菌种中直接转接用于制备感受态细胞的菌液。细胞生长密度以每毫升培养液中的细胞数在 5×10^7 个左右为佳。密度过高或不足均会使转化率下降。

（2）质粒 DNA 的质量和浓度：用于转化的质粒 DNA 应主要是超螺旋态的，转化率与外源 DNA 的浓度在一定范围内成正比，但当加入的外源 DNA 的量过多或体积过大时，则会使转化率下降。一般地，DNA 溶液的体积不应超过感受态细胞体积的 5%。

（3）防止杂菌和杂 DNA 的污染。整个操作过程均应在无菌条件下进行，所用器皿及所有的试剂都要灭菌，且注意防止被其他试剂、DNA 酶或杂 DNA 所污染，否则均会影响转化效率或杂 DNA 的转入。

（4）整个操作均需在冰上进行，不能离开冰浴，否则细胞转化率将会降低。

（5）转化及蓝白筛选要作阴、阳性对照，防止出现假阳性、假阴性。

7. 思考题

（1）本实验以 4000r/min 的转速收获菌体，为什么不选用更高的转速？

（2）制备感受态细胞时，应特别注意哪些环节？

二、实验准备工作

1. 试剂的配制及灭菌（略）

2. 实验器皿的清洗包灭（略）

三、实验的时间安排

第一天：细菌的培养。

第二天：感受态细胞的制备。

第三天：质粒的转化。

实验 7 阳性克隆的筛选及鉴定

一、实验部分

1. 实验目的

（1）学习阳性克隆筛选原理及方法。

（2）掌握阳性克隆鉴定的基本原理和操作技术。

2. 实验原理

重组克隆的初步筛选一般是通过载体上的抗性标记进行的（如抗氨苄青霉素、卡那霉素、氯霉素、四环素、链霉素等），在含相应抗菌素平板上生长的菌落是转化子（包括载体本身和插入外源基因的重组载体转化的细菌），蓝白筛选是筛选阳性克隆的一种方法，利用 β-半乳糖苷酶基因（$lacZ$）可进行基因内互补（α-互补）性质，构建由 β-半乳糖苷酶基因（$lacZ$）的调控序列和 N 端部分（$lacZ'$编码的多肽称为 α-肽）组成载体，载体的多克隆位点插入 $lacZ'$编码序列中，当未重组质粒转化 $LacZ\Delta M15$ 基因型的宿主菌（含有编码 C-末端 β-半乳糖苷酶基因，编码的多肽称为 ω-肽）后，α-肽和 ω-肽两个肽段互补形成有功能的 β-半乳糖苷酶，该酶能把培养基中无色的 X-gal（5-溴-4-氯-3-吲哚-β-D-半乳糖苷）底物分解成深蓝色的 5-溴-4-氯-靛蓝，致使菌落呈蓝色。

当外源 DNA 通过多克隆位点插入在 $lacZ'$编码区时，破坏了 α-肽的阅读框架，不能表达出正确的 α-肽，不能产生 α-互补，因而不能分解底物 X-gal，致使菌落呈白色。由此，可以借助菌落的蓝白色，很容易筛选出阳性克隆。

初步筛选的阳性克隆必须进行进一步的鉴定，鉴定方法一般包括重组质粒的酶切鉴定、PCR 鉴定、测序鉴定、分子杂交鉴定等。

3. 实验仪器、材料及试剂

（1）仪器与耗材

恒温摇床、电热恒温培养箱、微量移液器、高压灭菌锅、恒温水浴锅、台式离心机、冰箱。

（2）材料

实验 6 转化的质粒。

（3）试剂

X-gal 溶液；IPTG（参照实验 6）。

4. 实验步骤

（1）制备含有 Amp 的 LB 琼脂培养板。于平板表面加 X-gal $40\mu L$ 和 IPTG $4\mu L$，并用无菌玻璃涂布器将试剂均匀涂布于整个平板表面，37℃静置 1h。

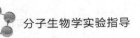

(2) 将 100μL 转化菌液用无菌涂布器均匀涂布于含有 Amp 培养板上，37℃ 培养 12～16h。

(3) 终止培养后，将平板静置 4℃ 4h，使蓝色充分显现，平皿上显示蓝色和白色两种菌落。

(4) 在含有 Amp 培养板上能生长的白色菌落即为阳性重组质粒。

(5) 挑取白色菌落置 2mL LB（含相应抗生素）液体培养基中，37℃ 摇床培养 8～12h。

(6) 小量制备质粒，限制性酶切分析，进一步鉴定。

5. 实验结果

大约培养 12h 后观察应出现蓝白菌落。

6. 注意事项

(1) X-gal 是 5-溴-4-氯-3-吲哚-β-D-半乳糖（5-bromo-4-chloro-3-indolyl-β-D-galactoside）以半乳糖苷酶（β-galactosidase）水解后生成的吲哚衍生物显蓝色。IPTG 是异丙基硫代半乳糖苷（isopropylthiogalactoside），为不可代谢的诱导物，它可以诱导 *lacZ* 的表达。

(2) 在含有 X-gal 和 IPTG 的筛选培养基上，携带载体 DNA 的转化子为蓝色菌落，而携带插入片段的重组质粒转化子为白色菌落，平板如在 37℃ 培养后放于冰箱 3～4h 可使显色反应充分，蓝色菌落明显。

7. 思考题

(1) 利用 α-互补现象筛选带有插入片段的重组克隆的原理是什么？

(2) 挑取含 Amp、X-gal 和 ITPG 存在的生色诱导培养基上长出的白色单菌落时，如果抽提出的质粒，经过酶切鉴定后，没有出现重组成功的预期目标，请分析问题可能出现在哪几方面？

二、实验准备工作

1. 试剂的配制及灭菌

(1) LB 液体和固体培养基

含 Amp 的 LB 固体培养基，将配好的 LB 固体培养基高温高压灭菌后冷却至 60℃ 左右，加入 Amp 母液，使 Amp 终浓度为 50μg/mL，摇匀后铺平板。

(2) 0.02g/mL X-gal 和 IPTG（参照实验 6）。

2. 实验器皿的清、洗、包、灭

LB 培养基、试剂、试管、Tip 头需高压灭菌。

三、实验的时间安排

第一天：挑取转化平板上的白色单菌落，于含有 Amp 的液体培养基中培养。

第二天：提取质粒，酶切鉴定。

实验 8 噬菌体的空斑纯化

一、实验部分

1. 实验目的
（1）了解噬菌斑形成的基本原理。
（2）掌握噬菌体铺板的操作技术。

2. 实验原理
噬菌体（bacteriophage，phage）是感染细菌、真菌、放线菌或螺旋体等微生物的病毒的总称，因部分能引起宿主菌的裂解，故称为噬菌体。自然界中，噬菌体伴随着宿主细菌的分布而分布。在宿主菌生长的固体琼脂平板上，子代噬菌体的扩散受到限制，噬菌体的连续感染就形成了一个肉眼可见的相对清亮的圆形区，即噬菌斑。每个噬菌斑含有单个病毒颗粒的子代，因此从单个噬菌斑获得的噬菌体在遗传背景上是一致的，利用这一现象可将分离到的噬菌体进行纯化。

3. 实验仪器、材料及试剂
（1）仪器与耗材
恒温摇床、台式离心机、分光光度计、恒温水浴锅、旋涡振荡器、恒温培养箱、超净工作台、高压灭菌锅、培养皿、试管、三角瓶、Tip 头等。
（2）材料
大肠杆菌、λ噬菌体。
（3）试剂
① LB 液体培养基和 LB 琼脂平板（参见实验1）。
② LB 上层琼脂糖（0.7%）。
③ 10mmol/L $MgSO_4$ 灭菌溶液、SM 缓冲液。

4. 实验步骤
（1）宿主细菌的制备
① 无菌操作挑取大肠杆菌单菌落接入 50mL LB 液体培养基中，37℃下振荡培养过夜。
② 室温下，8000r/min 离心 10min，收集细胞。
③ 弃上清，用 20mL 10mmol/L 的 $MgSO_4$ 重悬沉淀。测量 OD_{600} 值，并进一步用 10mmol/L 的 $MgSO_4$ 将细胞悬浮液稀释至终浓度为 OD_{600} 值等于 2.0，贮存于 4℃，可用于 λ 噬菌体铺板。这种铺板细菌可在 4℃保存一周以上。
④ 用微波炉进行短时间加热熔化上层琼脂糖，分装于无菌试管中，每管 3mL，置于 47℃水浴中，保持融化状态。

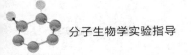

（2）宿主细菌的感染

① 将噬菌体样品按 10 倍稀释法稀释成一系列稀释度（$10^{-1} \sim 10^{-6}$）（于 SM 缓冲液中），轻微旋涡振荡使各稀释液彻底混匀。

② 在一系列无菌试管中分别加入 $100 \mu L$ 步骤（1）-③制备的宿主菌和 $100 \mu L$ 各稀释度的 λ 噬菌体，轻微旋涡振荡混匀，37℃温浴 20min，使噬菌体颗粒吸附到细菌上。

③ 冷却至室温后倒入上层琼脂糖中，轻微旋涡振荡混匀后，快速倒入 37℃平衡好的 LB 平板中央，转动平板使上层琼脂糖和菌体分布均匀，避免产生气泡。

④ 室温放置 5min，使上层琼脂糖凝固，倒置于 37℃培养过夜，观察噬菌斑。

5. 实验结果

大约培养 7h 后出现噬菌斑，$12 \sim 16h$ 后进行计数观察，此时噬菌斑直径约 $2 \sim 3mm$。

6. 注意事项

（1）本实验的各项操作均在超净工作台上进行，注意保持无菌状态。

（2）在将细菌、噬菌体与上层琼脂糖混合后倒在 LB 平板上时，动作一定要迅速，否则上层琼脂糖很容易凝固。

（3）新鲜制备的 LB 平板太湿，为了避免噬菌斑的流动而相互污染，平板在使用前于 37℃先放置 1h。平板也不宜太干，否则噬菌体生长缓慢。

7. 思考题

在固体培养基平板上为什么能形成噬菌斑？

二、实验准备工作

1. 试剂的配制及灭菌

（1）LB 上层琼脂糖（0.7%）

称取琼脂糖 0.7g，加入 100mL LB 液体培养基中，高温高压灭菌。

（2）SM 缓冲液

每升含 5.8g NaCl，2g $MgSO_4 \cdot 7H_2O$，50mL 1mol/L Tris-HCl（pH7.5）。高压灭菌后分成小份，贮存于无菌容器中。

2. 实验器皿的清、洗、包、灭

LB 培养基、试剂、试管、Tip 头需高压灭菌。

三、实验的时间安排

第一天：试剂的配制和灭菌，细菌的振荡培养。

第二天：宿主细菌的制备和噬菌体的感染。

第三天：噬菌斑的观察。

实验 9 噬菌体的制备及效价测定

一、实验部分

1. 实验目的

（1）学习制备噬菌体的基本原理和方法。

（2）掌握噬菌体效价测定的基本方法。

2. 实验原理

噬菌体侵入细菌细胞后，利用宿主细胞的酶系统进行复制和增殖，最终导致细菌细胞裂解，噬菌体从细胞中释放出来，再进一步侵染细菌细胞。所以，在液体培养基中，噬菌体可以使浑浊的菌悬液变为澄清。此现象可指示有噬菌体存在，利用这一特性，可在样品中加入敏感菌株与液体培养基进行培养，使噬菌体增殖、释放，从而可分离到噬菌体。

噬菌体的效价是指噬菌体的浓度，即 1mL 培养液中所含有的噬菌体数量。噬菌体效价的测定方法多采用双层琼脂平板法。在含有宿主细菌的琼脂平板上，一个噬菌体产生一个噬菌斑，因此，可进行噬菌体的计数。

3. 实验仪器、材料及试剂

（1）仪器与耗材

恒温摇床、台式离心机、分光光度计、恒温水浴锅、旋涡振荡器、恒温培养箱、超净工作台、高压灭菌锅、制冰机、培养皿、试管、三角瓶、Tip 头、离心管等。

（2）材料

大肠杆菌、λ 噬菌体。

（3）试剂

① LB 液体培养基和 LB 琼脂平板（参见实验 1）。

② SM 缓冲液。

③ 氯仿。

④ DNase I 和 RNase。

⑤ NaCl。

⑥ PEG。

⑦ LB 上层琼脂糖（0.7%）。

⑧ 10mmol/L $MgSO_4$ 灭菌溶液。

4. 实验步骤

（1）噬菌体的制备

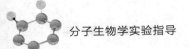

① 接种大肠杆菌敏感菌株于 5mL LB 液体培养基中，37℃振荡培养过夜。

② 取 1mL 过夜培养物接种于装有 500mL LB 液体培养基的 2L 三角瓶中（37℃预热），37℃剧烈振荡培养至 OD_{600} 值为 0.5（3~4h）。

③ 取 10^{10} pfu 保存于 SM 缓冲液中的噬菌体加入②中，37℃继续剧烈振荡培养，直至细菌完全裂解（3~5h）。

④ 加入 10mL 氯仿，37℃继续振荡培养 10min。

⑤ 将含有噬菌体的裂解培养物冷却至室温，加 DNase I 和 RNase 至终浓度均为 1μg/mL，室温温育 30min。

⑥ 加入 29.2g 固体 NaCl（终浓度为 1mol/L），搅拌使其溶解，冰浴 1h。

⑦ 4℃，8000r/min 离心 10min 去除细胞碎片，上清液转移至三角瓶中，加固体 PEG 至终浓度 0.1g/mL，于室温用磁力搅拌器搅拌溶解。

⑧ 溶液转移至离心管中，于冰水浴冷却，放置 1h 使噬菌体颗粒发生沉淀。

⑨ 4℃，8000 r/min 离心 10 min 回收沉淀的噬菌体，去上清，离心管倒置使液体充分流干。将噬菌体沉淀重悬于 8mL SM 中，室温放置 1h。

⑩ 加入等体积氯仿抽提噬菌体悬浮液中的 PEG 和细胞碎片，温和振荡 30s，4℃，8000r/min 离心 15min 分离有机相和水相，回收含有噬菌体颗粒的水相。

（2）噬菌体的效价测定

① 噬菌体感染细菌形成噬菌斑（双层琼脂平板法，参见实验 8 步骤 2）。每个稀释度涂布 3 个平板。

② 观察记录每个稀释度平板中的噬菌斑数目。

5. 实验结果

观察每个稀释度平板中的噬菌斑数目，每个稀释度的 3 皿取平均值，计算每毫升未稀释原液的噬菌体数（噬菌体效价）。

6. 注意事项

（1）为了获得特异噬菌体的最大得率，必须在步骤（1）-③中调整感染倍数或感染时间。

（2）剧烈振荡摇床的速度要达到 250~300r/min。

（3）步骤①~⑩要彻底温和地冲洗整个离心管壁，因为噬菌体沉淀会黏附在管壁上，尤其当离心管陈旧有凹痕时。

7. 思考题

（1）如何用得到的噬菌斑数目计算噬菌体的效价？

（2）实验中为什么要加 DNase I 和 RNase？

（3）NaCl 的加入有什么作用？

二、实验准备工作

1. 试剂的配制及灭菌

(1) SM 缓冲液（参见实验 8）。

(2) LB 上层琼脂糖（0.7%）(参见实验 8)。

2. 实验器皿的清、洗、包、灭

LB 培养基、试剂、试管、三角瓶、Tip 头、离心管需高压灭菌。

三、实验的时间安排

第一天：试剂的配制和灭菌，细菌的振荡培养。

第二天：噬菌体的制备和感染细菌。

第三天：噬菌斑的计数和效价测定。

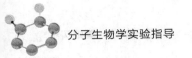

实验 10　λ 噬菌体 DNA 的小量制备

一、实验部分

1. 实验目的

（1）学习从 λ 噬菌体裂解液制备 DNA 的原理。

（2）掌握 λ 噬菌体 DNA 的制备方法。

2. 实验原理

该方法用于制备小量 DNA。该方法制备的 DNA 可用于限制性酶切分析。噬菌体通过离心浓缩，苯酚抽提破坏蛋白质包膜，然后用乙醇沉淀 DNA。

3. 实验仪器、材料及试剂

（1）仪器与耗材

高压灭菌锅、旋涡振荡器、台式离心机、微量移液器、制冰机、冰箱、Tip 头、Ep 管等。

（2）材料

λ 噬菌体裂解液。

（3）试剂

① 5mg/mL DNase。

② 10mg/mL RNase（不含 DNase）。

③ 0.05mol/L Tris-HCl（pH8.0）。

④ 0.3mol/L 乙酸钠，用乙酸调节 pH 值到 4.8。

4. 实验步骤

（1）50mL 噬菌体裂解液中加入 5mg/mL DNase 10μL，10mg/mL RNase（不含 DNase）25μL，37℃反应 1h。降解在裂解时释放的细菌 DNA 和 RNA，降低裂解液的黏稠度。

（2）4℃，132000×g（SW-28 转头 27000r/min），离心 1.5h，弃上清（务必去除干净）。

（3）沉淀重悬于 200μL 0.05mol/L Tris-HCl（pH8.0）中。

（4）加 200μL 平衡酚，振荡 20min，使噬菌体包膜变性，离心 2min，小心取水相，重复一次，第二次抽提离心后，如果水相和有机相之间仍有一层灰白色膜，再抽提一次。

（5）加等体积氯仿，摇匀，离心 2min，取水相，重复一次。

（6）加 1/10 体积的 0.3mol/L 乙酸钠，2 倍体积的无水乙醇，充分混匀，−20℃放置 2h，12000r/min 离心 10min，弃上清。

（7）加 1mL 70％乙醇洗涤沉淀，12000r/min 离心 5min，弃上清。

（8）室温干燥，100μL TE 缓冲液溶解 DNA，−20℃保存。可用 3μLDNA 溶液做限制酶切。

5. 实验结果

测量的浓度和纯度。

6. 注意事项

（1）噬菌体沉淀一定要彻底，如果没有 SW-28 转头 27000r/min 的高速离心机，可以通过加 PEG600-800，沉淀噬菌体。

（2）苯酚抽提时，要戴手套，防止苯酚皮肤。

7. 思考题

（1）列举三种制备 λDNA 的方法，比较其优缺点。

（2）双层平板法制备 λDNA，上层琼脂用琼脂还是琼脂糖？为什么？

二、实验准备工作

1. 实验试剂的配制（略）。

2. Tip 头、Ep 管包装和灭菌。

三、实验的时间安排

第一天：试剂配制及实验器材灭菌。

第二天：制备噬菌体 DNA。

第三天：电泳检查纯度及紫外分光光度计测浓度。

分子生物学实验指导

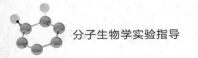 实验 11　M13 噬菌体 DNA 的制备

一、实验部分

1. 实验目的

（1）掌握提取 M13 噬菌体 DNA 的原理。

（2）了解提取 M13 噬菌体双链 DNA 和单链 DNA 的方法。

2. 实验原理

M13 噬菌体是一种单链丝状噬菌体，其噬菌体 DNA 的复制，是以双链环形 DNA 为中间媒介的。感染 M13 噬菌体的细菌体内含有病毒双链（复制型）RF DNA，而培养基中粗提病毒颗粒含单链子代病毒 DNA。双链 RF DNA 可以采用类似于质粒提取的方法从被感染细菌中分离。含单链 DNA 的病毒颗粒从感染细胞分泌至培养液中，在高盐的条件下，病毒颗粒可被聚乙二醇沉淀浓缩，然后用酚分离释放单链 DNA，最后可用乙醇沉淀收集单链 DNA。

3. 实验仪器、材料及试剂

（1）仪器与耗材

高压灭菌锅、旋涡振荡器、台式离心机、微量移液器、制冰机、冰箱、Tip 头、Ep 管等。

（2）材料

感染 M13 噬菌体的大肠杆菌培养物。

（3）试剂

① 溶液Ⅰ、溶液Ⅱ、溶液Ⅲ（参见实验1）。

② TE 缓冲液（参见实验1）。

③ 氯仿/异戊醇（24∶1）。

④ 70%乙醇。

⑤ 无水乙醇。

⑥ 0.2g/mL PEG（8000）。

⑦ 平衡酚。

⑧ 0.3mol/L 乙酸钠（pH5.2）。

4. 实验步骤

（1）将 1mL 感染噬菌体的大肠杆菌培养物加入 Ep 管中，12000r/min 离心 5min，上清液移至新离心管中，用于制备单链 DNA；细菌沉淀用于制备双链 RF DNA。

（2）双链 RF DNA 的制备

① 在细菌沉淀中加入 100μL 溶液Ⅰ，涡旋，重悬细菌沉淀。

② 加 200μL 新配制的溶液Ⅱ。盖紧盖子，快速颠倒混匀，室温放置 5min。

③ 加 150μL 预冷的溶液Ⅲ。盖紧盖子，颠倒混合数次，冰浴 5min。

④ 12000r/min 离心 5min，上清液移至一新离心管中。

⑤ 加入等体积的氯仿/异戊醇，振荡混匀，12000r/min 离心 5min，将水相移至一新离心管中。

⑥ 加入 2 倍体积的无水乙醇，振荡混匀，室温放置 2min。

⑦ 12000r/min 离心 5min，弃去上清液。

⑧ 加入 70% 乙醇 1mL，12000r/min 离心 2min，弃去上清液，室温干燥。

⑨ 用 20μL TE 缓冲液重悬 RF DNA 沉淀，获得纯化的双链 DNA。

（3）单链 DNA 的制备

① 在步骤 1 的上清液中加入 200μL 溶于 2.5mol/L NaCl 的 0.2g/mL PEG，颠倒混合，温和振荡，室温放置 15min。

② 12000r/min 离心 5min，弃去上清液。

③ 用 100μL TE 重悬噬菌体颗粒沉淀。

④ 加入 100μL 平衡酚，振荡 30s 充分混合，室温放置 1min，再振荡 30s。

⑤ 12000r/min 离心 5min，将上清液移至一新离心管中。

⑥ 在 0.3 mol/L 乙酸钠存在下，加入 2～2.5 倍体积的无水乙醇，室温放置 15～30min 或 −20℃过夜。

⑦ 12000r/min 离心 10min，回收单链 DNA 沉淀。

⑧ 用 200μL 70% 乙醇洗沉淀，12000r/min 离心 5～10min。轻轻吸去上清液。

⑨ 室温下干燥沉淀后，加入 20μL TE 溶解沉淀，37℃温育 5min，以加速 DNA 溶解。

（4）电泳检测制备的噬菌体 DNA。

5. 实验结果

此实验可分别制备 M13 噬菌体双链 DNA 和单链 DNA，制备的 DNA 经凝胶电泳检测，可用已知浓度的 M13 DNA 作对照，根据荧光强弱估计 DNA 的量。

6. 注意事项

（1）在提取双链 DNA 时，加入溶液Ⅱ后混匀时动作一定要轻柔。

（2）在提取单链 DNA 时，噬菌体颗粒沉淀几乎看不到，操作时应注意不要把沉淀丢掉。

7. 思考题

（1）提取 M13 噬菌体 DNA 的原理是什么？

（2）PEG 在本实验中有什么作用？

二、实验准备工作

1. 试剂的配制及灭菌

（1）3mol/L 乙酸钠（pH5.2）

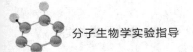

称取 408.3g 三水乙酸钠，溶解于 800mL 水中，用冰乙酸调节 pH 值至 5.2，定容 1L。分装成小份，高压蒸汽灭菌。

（2）0.2g/mL PEG（8000）

称取 20g PEG 溶于 80mL 2.5mol/L NaCl 中，用 2.5mol/L NaCl 定容 100mL。

2. 实验器皿的清、洗、包、灭

Tip 头、Ep 管需要装盒高压灭菌。

三、实验的时间安排

第一天：试剂的配制和灭菌。

第二天：M13 噬菌体 DNA 的提取和电泳检测。

实验 12　哺乳动物基因组 DNA 的制备

一、实验部分

1. 实验目的
（1）学习哺乳动物组织基因组 DNA 制备的原理。
（2）掌握哺乳动物组织基因组 DNA 提取的方法。

2. 实验原理
哺乳动物的基因组 DNA 以染色体的形式存在于细胞核内，分离提取时利用 SDS（十二烷基硫酸钠）裂解细胞匀浆或捣碎的哺乳动物组织细胞的胞膜和核膜，蛋白酶 K 将蛋白质降解，苯酚使蛋白质变性，氯仿/异戊醇作为有机相可以去除苯酚，从而将 DNA 与蛋白质、脂类和糖类等分离，乙醇或异丙醇沉淀水相中的基因组 DNA。

3. 实验仪器、材料及试剂
（1）仪器与耗材
恒温水浴锅、台式离心机、紫外分光光度计、移液器、Ep 管、Tip 头、玻璃匀浆器、研钵、镊子、剪刀、吸水纸等。
（2）材料
新鲜的哺乳动物组织（如猪肝等）。
（3）试剂
① 细胞裂解液。
② 蛋白酶 K。
③ 酚/氯仿/异戊醇抽提液。
④ 氯仿/异戊醇抽提液。
⑤ 7.5mol/L 乙酸铵溶液（参见实验 4）。
⑥ 异丙醇。
⑦ 无水乙醇。
⑧ 70％乙醇。
⑨ TE 缓冲液（pH8.0）（参见实验 1）。
⑩ 去离子无菌水。

4. 实验步骤
（1）取新鲜或冰冻的哺乳动物组织块（猪肝等）0.1g，用无菌镊子和剪刀除去肝被膜和血管等组织，将肝组织尽量剪碎。置于无菌的玻璃匀浆器或研钵中，加入 1mL 细胞裂解缓冲液，匀浆或研磨至无肉眼可见的组织碎块。

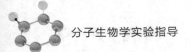

（2）将匀浆或研磨后的组织液转入 1.5mL Ep 管中，加入 20μL 蛋白酶 K，混匀。在 65℃ 恒温水浴锅中水浴保温 30min，间歇振荡离心管数次。

（3）12000r/min，离心 5min，取上清液入另一 Ep 管中。

（4）加入 1 倍体积异丙醇，颠倒混匀后，可以看见丝状物，用 100μL Tip 头挑出丝状物，晾干，用 200μL TE 缓冲液溶解。

（5）加等体积的酚/氯仿/异戊醇抽提液振荡混匀，12000r/min，离心 5min。

（6）取上相（水相）至另一 Ep 管，加入等体积的氯仿/异戊醇抽提液，振荡混匀，12000r/min，离心 5min。

（7）取上相至另一 Ep 管，加入 1/10 体积的 7.5mol/L 乙酸铵，再加入 2 倍体积的无水乙醇，混匀后−20℃ 沉淀 2min，12000r/min，离心 10min。

（8）弃去上清液，将 Ep 管倒置于吸水纸上，尽可能除去附于管壁的残余液滴。

（9）用 1mL70% 乙醇漂洗沉淀物后，12000r/min，离心 5min。小心弃去上清液，将离心管倒置于吸水纸上，尽可能除去附于管壁的残余液滴，室温干燥。

（10）加 200μL TE 重新溶解沉淀物，按实验 15 的方法进行检测，或置于−20℃ 保存备用。

5. 实验结果

按实验 15（基因组 DNA 的电泳分析）方法进行哺乳动物基因组 DNA 的检测和结果分析。

6. 注意事项

（1）选择的哺乳动物组织材料要新鲜，将血液冲洗干净，尽量除去血管、结缔组织等难以匀浆和研磨的组织，处理时间不易过长。

（2）取样量不宜过多，以免 DNA 的浓度过高，不利于纯化。

（3）尽可能将组织细胞匀浆均匀或研磨充分，以减少 DNA 团块形成。

7. 思考题

（1）如何防止基因组 DNA 在提取过程中发生断裂的现象。

（2）哺乳动物的基因组 DNA 提取的原理是什么？

二、实验准备工作

（1）购买新鲜的哺乳动物组织，尽快进行清洗血液，除去包膜、血管和结缔组织等，切成小块后−20℃ 冷冻备用。

（2）试剂的配制

① 细胞裂解液

配制含 100mmol/L Tris-HCl（pH8.0）、500mmol/L EDTA（pH8.0）、20mmol/L NaCl、0.1g/mL SDS 裂解液，20μg/mL RNase。

② 蛋白酶 K

以灭菌的双蒸水配制 20mg/mL 的蛋白酶 K 溶液，-20℃备用。

③ 酚/氯仿/异戊醇抽提液

配制 V(酚)：V(氯仿)：V(异戊醇) 提取液的比例为 25：24：1。

④ 氯仿/异戊醇抽提液

配制 V(氯仿)：V(异戊醇) 提取液的比例为 24：1。

⑤ 7.5mol/L 乙酸铵溶液（参见实验4）。

⑥ TE 缓冲液（pH8.0）。

（3）实验器皿的清、洗、包、灭

Ep 管、Tip 头、玻璃匀浆器、研钵、镊子、剪刀等分别包装后高压灭菌。

三、实验的时间安排

第一天上午：哺乳动物组织材料购买、清洗、冻存。配制试剂，器材进行高压灭菌。

第一天下午：哺乳动物基因组 DNA 的提取。

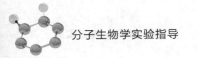

实验 13 植物 DNA 的制备

一、实验部分

1. 实验目的

(1) 学习和掌握植物 DNA 提取的原理。

(2) 掌握从植物组织中提取 DNA 的方法。

2. 实验原理

植物组织因有细胞壁,因此首先破碎(或消化)细胞壁。将新鲜的植物组织置于研钵中,加入干冰或液氮快速冷冻后,将其快速磨成粉。在液氮中研磨,植物材料易于破碎,低温也降低了研磨过程中各种酶类活性。其次,破坏细胞膜使 DNA 释放到提取缓冲液中。通常使用 SDS 或 CTAB 等去污剂来裂解细胞膜和核膜,使核蛋白解聚,从而使 DNA 得以游离出来。去污剂还可以保护 DNA 免受内源核酸酶的降解。缓冲液中的 EDTA,可以螯合大多数核酸酶所需的辅助因子 Mg^{2+},抑制核酸酶活性。另外,在抽提缓冲液中需加 β-巯基乙醇等抗氧化剂或强还原剂,以降低植物细胞内的多种酶类的活性,尤其是氧化酶类对 DNA 的提取产生不利的影响。最后,利用氯仿或苯酚抽提处理除去蛋白,以 RNaseA 处理降解并除去 RNA,利用无水乙醇或异丙醇使植物基因组 DNA 沉淀,用 TE 溶液回溶沉淀的 DNA,获得植物 DNA 溶液。

本实验使用高浓度阴离子去污剂 SDS 抽提缓冲液,在 55℃ 下对植物细胞进行裂解,用氯仿除去蛋白,用无水乙醇沉淀 DNA。

3. 实验仪器、材料及试剂

(1) 仪器与耗材

研钵、水浴锅、高速台式离心机、微量移液器、恒温箱、液氮、Ep 管、Tip 头、金属药匙。

(2) 材料

新鲜的植物组织。

(3) 试剂

① DNA 提取液。

② TE 缓冲液 (pH8.0)(参见实验1)。

③ 其他:氯仿、无水乙醇、70% 乙醇。

4. 实验步骤

(1) 取新鲜豌豆叶片或其他植物幼嫩组织,清洗晾干(如选用组培苗或样品比较干净的不需要清洗),放于用液氮预冷的研钵中用力研磨成细粉。

（2）取 0.2g 材料放于 1.5mL Ep 管中，加入 600μL DNA 提取液，65℃水浴保温 10min。

（3）以 8000r/min 的转速，离心 10min，取上清，尽量避免吸到沉淀。

（4）加入 600μL 氯仿，振荡，13000r/min，离心 5min。

（5）取上清，加入 2 倍体积的预冷的无水乙醇，轻轻地颠倒混匀。

（6）13000r/min，离心 10min。

（7）弃去上清液，用 70%乙醇洗涤沉淀，13000r/min 离心，5min，弃去上清液。

（8）重复步骤（7）。将沉淀置于室温风干。

（9）TE 缓冲液溶解沉淀物，置于−20℃保存备用。

5. 实验结果

按实验 15 的方法进行植物 DNA 的检测和结果分析。

6. 注意事项

（1）植物样品尽量选择幼嫩的新鲜材料，液氮研磨得越细越好。

（2）基因组 DNA 一般比较大，防止 DNA 因机械剪切而断裂，避免剧烈振荡。

（3）不同的植物所含的主要杂质也不一样（如有些植物酚类物质含量较高，有的糖类含量较高），要根据不同植物的特性选择不同的基因组 DNA 提取方法或后期纯化处理。

（4）由于植物细胞中含有大量的 DNA 酶，因此，除在抽提液中加入 EDTA 抑制酶的活性外，研磨等操作应迅速，以免组织解冻，导致细胞裂解，释放出 DNA 酶，使 DNA 降解。

7. 思考题

植物基因组 DNA 与动物基因组 DNA 提取有何异同点？

二、实验准备工作

1. 实验试剂的配制

DNA 提取液

配制：0.2mol/L Tris-HCl（pH8.0），50mmol/L EDTA（pH8.0），100mmol/L NaCl，0.02g/mL SDS，10mmol/L 巯基乙醇或 100μg/mL 蛋白酶 K（用前加入）。

2. 实验器皿的清、洗、包、灭

Ep 管、Tip 头、研钵、金属小药匙等分别包装后高压灭菌。

三、实验的时间安排

第一天（上午）：配制试剂，器材进行高压灭菌。

第二天（下午）：植物组织材料的采集、清洗控干，植物 DNA 的提取。

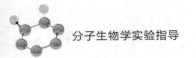 **实验 14　细菌基因组 DNA 的制备**

一、实验部分

1. 实验目的

学习和掌握细菌基因组 DNA 制备的原理和方法。

2. 实验原理

提取细菌染色体 DNA 的方法因不同细菌而不同，本实验主要介绍适用于大肠杆菌染色体的制备方法。本实验所需要的基因组 DNA 通常要求分子量尽可能大，以此提高外源基因的获得率。

利用染色体 DNA 较长的特性，可以将其与细胞器或质粒等小分子 DNA 分离。加入一定量的异丙醇或乙醇，基因组大分子 DNA 即沉淀形成纤维状絮飘浮其中，可用玻棒将其挑出，而小分子 DNA 则只形成颗粒状沉淀附于离心管壁上及底部，从而达到提取的目的。在提取过程中，染色体会发生机械断裂，产生大小不同的片段，因此分离基因组 DNA 时应尽量在温和的条件下操作，如尽量减少酚/氯仿抽提、混匀过程要轻缓，以保证得到较长的 DNA。细菌基因组 DNA 的提取通常用于构建基因组文库、Southern 杂交（包括 RFLP）及 PCR 分离基因等。一般来说，构建基因组文库，初始 DNA 长度必须在 100kb 以上，而进行 RFLP 和 PCR 分析，DNA 长度可短至 50kb。

3. 实验仪器、材料及试剂

（1）仪器与耗材

高速冷冻离心机，恒温水浴锅，微量移液器、Ep 管、Tip 头、玻璃棒等。

（2）材料

大肠杆菌培养物：大肠杆菌在 LB 培养基中振荡培养至对数生长期。

（3）试剂

① CTAB/NaCl 溶液。

② 蛋白酶 K（参见实验 12）。

③ 酚/氯仿/异戊醇抽提液（参见实验 12）。

④ 氯仿/异戊醇抽提液（参见实验 12）。

⑤ 5mol/L NaCl 溶液（参见实验 4）。

⑥ TE 缓冲液（pH8.0）（参见实验 1）。

⑦ 其他：无水乙醇、异丙醇、70％乙醇、10％SDS 溶液。

4. 实验步骤

（1）100mL 细菌对数生长期培养液，5000r/min 离心 10min，弃去上清液。

（2）加 9.5mL TE 悬浮沉淀，并加 0.5mL 10％SDS，加入 20mg/mL 蛋白酶 K 50μL（或 1mg 干粉），混匀，37℃保温 1h。

（3）加 1.5mL 5mol/L NaCl，混匀。

（4）加 1.5mL CTAB/NaCl 溶液，混匀，65℃保温 20min。

（5）用等体积酚：氯仿：异戊醇（25：24：1）混合液抽提，5000r/min 离心 10min，将上清液移至另一干净 Ep 管。

（6）用等体积氯仿：异戊醇（24：1）混合液抽提，取上清液移至另一 Ep 干净管中。

（7）加 1 倍体积异丙醇，颠倒混合，室温下静止 10min，沉淀 DNA。

（8）用玻璃棒捞出 DNA 沉淀，70％乙醇漂洗后，弃去上清，干燥沉淀。如 DNA 沉淀无法捞出，5000r/min，离心 5min，使 DNA 沉淀。

（9）将沉淀溶解于 1mL TE（含 20μg/mL 的 RNaseA），按实验 15 的方法进行检测，或置于－20℃保存备用。

5. 实验结果

按实验 15 中的方法进行哺乳动物基因组 DNA 的检测和结果分析。

6. 注意事项

（1）大肠杆菌培养物一定要新鲜无污染，且处于对数生长期。

（2）在提取过程中，染色体 DNA 会发生机械断裂，因此在提取过程中应尽量在温和的条件下操作，如尽量减少酚/氯仿抽提、混匀过程要轻缓，以保证得到较长的 DNA。

7. 思考题

（1）提取的细菌基因组 DNA 主要有何用途？

（2）哪些因素会影响到提取的 DNA 的质量？

二、实验准备工作

1. 实验试剂的配制

（1）CTAB/NaCl 溶液：称取 4.1g NaCl 溶解于 80mL H_2O，缓慢加入 10g CTAB，加水至 100mL。

（2）0.1g/mL SDS 溶液：称取 10g SDS 于 80mL 蒸馏水中加热溶解，定容至 100mL。

2. 实验器皿的清、洗、包、灭

Ep 管、Tip 头、玻璃棒等分别包装后高压灭菌。

三、实验的时间安排

第一天：大肠杆菌在 LB 培养基中振荡培养，配制试剂，所需器材进行高压灭菌。

第二天：细菌基因组 DNA 的提取和检测。

分子生物学实验指导

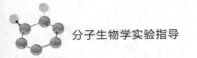 实验 15 基因组 DNA 的电泳分析

一、实验部分

1. 实验目的

掌握基因组 DNA 电泳分析的原理和技术。

2. 实验原理

提取得到的动物、植物、细菌等基因组 DNA 一般用于 Southern、RFLP、PCR 等实验。由于所用材料的不同，得到的 DNA 产量及质量均不同，有时提取的基因组 DNA 中含有酚类和多糖类物质，会影响酶切和 PCR 的效果。所以获得基因组 DNA 后，均需检测 DNA 的产量和质量。

本实验采用紫外分光光度法和琼脂糖凝胶电泳对提取的基因组 DNA 进行含量测定和质量检测。琼脂糖凝胶电泳实验原理参见实验 2。

3. 实验仪器、材料及试剂

（1）仪器与耗材

凝胶电泳设备（电泳仪、电泳槽、导线、制胶板、梳子等），凝胶成像仪（或紫外透射仪），微量移液器，紫外分光光度仪、比色皿、Tip 头、一次性手套等。

（2）材料　待检测 DNA 样品。

（3）试剂（参见实验 2）。

4. 实验步骤

（1）紫外分析

将提取的基因组 DNA 溶液稀释 20～30 倍后，测定 OD_{260}/OD_{280} 比值，明确 DNA 的含量和质量。

（2）凝胶电泳分析

① 凝胶的制备、样品制备、点样、电泳及结果观察等步骤参见实验 2。

② 取 2～5μL 提取的基因组 DNA 进行样品制备后，在 0.7%琼脂糖凝胶上进行电泳，检测 DNA 的分子大小。

③ 根据 DNA 含量，取 2～10μg 基因组 DNA，用 10 单位（U）Hind Ⅲ（或根据后期实验所需的限制性内切酶）于 37℃消化 8～12h。

④ 将上述酶切产物和提取的基因组 DNA 在 7mg/mL 的琼脂糖凝胶（含0.5μg/mL 溴化乙锭）上，恒压电泳（电压＜5V/cm），检测能否完全酶解（如果做 RFLP，DNA 必须完全酶解）。

5. 实验结果

（1）紫外分析方法：DNA 溶液稀释至 OD_{260} 值在 0.1～1.0 之间，紫外分光光

40

度计测 OD_{260} 值。浓度为 $50\mu g/mL$ 的 DNA 样品，$OD_{260}=1.0$。可根据 OD_{260}/OD_{280} 的比值估计 DNA 纯度。一般 DNA 纯品，其比值为 1.8，低于 1.8，说明污染了蛋白质，高于 1.8 说明样品中有 RNA。

（2）凝胶电泳分析

如果提取的基因组 DNA 质量好，琼脂糖凝胶电泳结果可观察到条带较集中、清晰；如果提取的 DNA 降解，琼脂糖凝胶电泳结果可观察到条带弥散，琼脂糖凝胶电泳结果可观察到大小不同的 DNA 条带。

6. 注意事项

如果 DNA 中所含杂质多，不能完全酶切，或小分子 DNA 多，将影响后续实验的分析和操作，可以用下列方法处理。

（1）选用幼嫩植物组织，可减少淀粉类的含量。

（2）以酚-氯仿抽提，去除蛋白质和多糖。

（3）用 Sepharose 柱过滤，去除酚类、多糖和小分子 DNA。

（4）采用 CsCl 梯度离心，去除杂质，分离大片段 DNA（可用作文库构建）。

7. 思考题

（1）基因组 DNA 的分析有何意义？

（2）通过哪些方法或措施可以提高基因组 DNA 的含量和质量？

二、实验准备工作

1. 试剂的配制及灭菌（参见实验 3）

2. 实验器皿的清、洗、包、灭

Tip 头需要装盒高压灭菌。

三、实验的时间安排

第一天：试剂的配制和灭菌，基因组 DNA 的紫外分析和酶切消化。

第二天：基因组 DNA 和酶切样品的琼脂糖凝胶电泳。

实验 16 PCR 扩增 DNA 中的引物设计（I）

一、实验部分

1. 实验目的
学习使用软件 Primer5.0 设计引物的方法。

2. 实验原理
PCR 是分子生物学实验中重要的且广泛使用的实验方法，其中引物设计是 PCR 实验成功的前提。PCR 引物设计首先是选择合适的靶序列，设计引物之前必须分析待测靶序列的性质，选择高保守、碱基分布均匀的区域进行设计，其长度为 15～20bp 为宜。利用软件，根据输入的引物设计参数（如扩增区间、PCR 产物长度、退火温度、引物 GC 含量和 3′-端序列特征等）的限制，计算机根据限制条件，测算出全部的候选引物，然后对每一对引物可能出现的自身发夹结构、引物间的错配，引物和模板间的错配等进行量化评分，在综合全部因素后计算机给出最佳的引物组合。

3. 实验仪器及材料
（1）电脑。

（2）引物设计软件 Primer 5.0，Adobe Acrobat 软件。

4. 实验步骤
（1）打开 Primer Premier 5.0，选择"File"→"New"→"DNA Sequence"，出现输入序列窗口，将复制的目的序列粘贴（Ctrl＋V）到在输入框内，选择"As Is"（图 1-1），点击"Primer"（图 1-2），进入引物窗口。

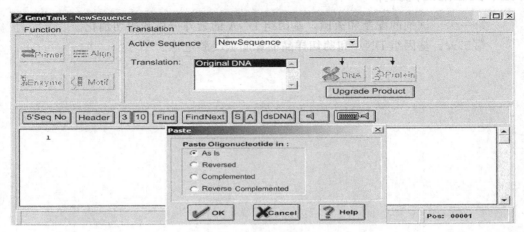

图 1-1 Primer 5.0 使用界面之一

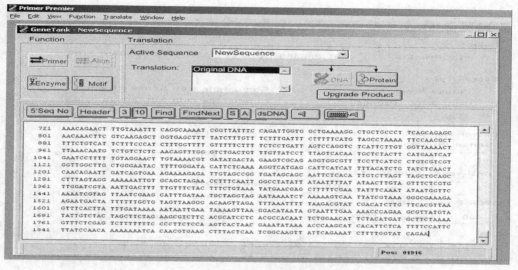

图 1-2　Primer 5.0 使用界面之二

（2）在窗口点击"Search"（图 1-3），进入引物参数设置窗口（图 1-4），选择"PCR Primers"和"Pairs"，设定搜索区域和引物长度和产物长度。在"Search Parameters"里面，可以设定相应参数。一般若无特殊需要，选择默认参数。

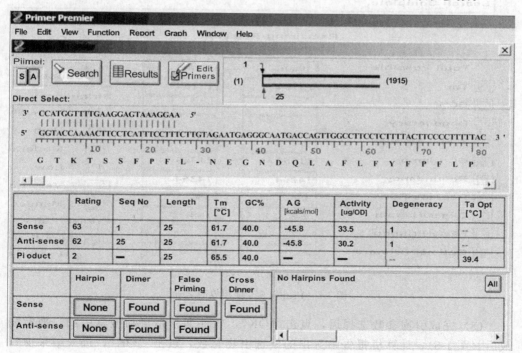

图 1-3　Primer 5.0 使用界面之三

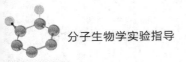

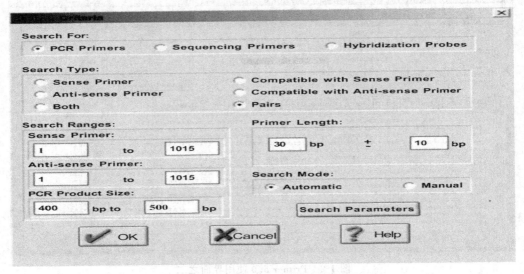

图 1-4   Primer 5.0 使用界面之四

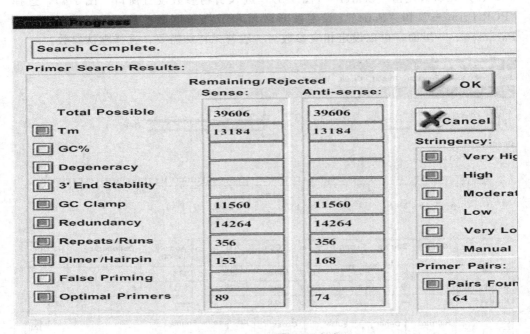

图 1-5   Primer 5.0 使用界面之五

　　(3) 完成引物参数选择后,点击"OK",软件即开始自动搜索引物,搜索完成后 (图 1-5),计算机报告筛选出的候选引物总数,点击"OK",进入结果窗口 (图 1-6),搜索结果是按照评分 (rating) 排序,点击其中任一个搜索结果,可以在“引物窗口”中（图 1-7），显示出该引物的综合情况，包括上游引物和下游引物的序列和位置，引物发夹结果，引物二聚体和错配等信息。

#	Rating	Tm [°C]	Product Size	Ta Opt [°C]	Mark
1	88	60.9 50.4	427	50.4	☑
2	87	60.9 58.4	425	50.1	☐
3	86	60.9 58.8	430	50.1	☐
4	84	62.6 58.4	421	50.0	☐
5	84	62.6 59.4	423	50.3	☐
6	84	62.6 58.8	426	50.1	☐
7	80	60.7 59.4	425	50.3	☐
8	80	60.7 58.8	428	50.1	☐
9	79	60.7 58.4	423	50.0	☐
10	78	66.8 59.4	415	50.2	☐
11	78	59.3 58.4	405	49.7	☐
12	77	66.8 58.4	413	49.9	☐

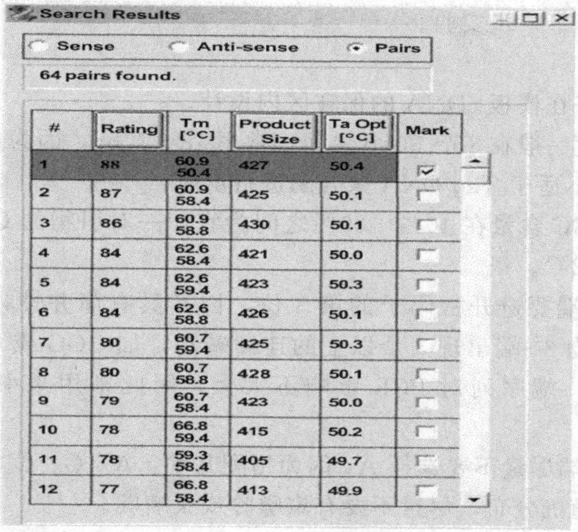

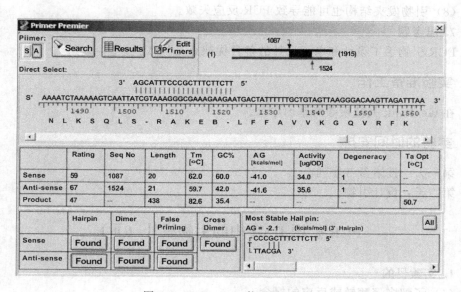

图 1-6　Primer 5.0 使用界面之六

	Rating	Seq No	Length	Tm [°C]	GC%	AG [kcals/mol]	Activity [ug/OD]	Degeneracy	Ta Opt [°C]
Sense	59	1087	20	62.0	60.0	-41.0	34.0	1	--
Anti-sense	67	1524	21	59.7	42.0	-41.6	35.6	1	--
Product	47	--	438	82.6	35.4	--	--	--	50.7

	Hairpin	Dimer	False Priming	Cross Dimer
Sense	Found	Found	Found	Found
Anti-sense	Found	Found	Found	

图 1-7　Primer 5.0 使用界面之七

（4）在 Primer 5.0 窗口中，选择一对合适引物，选择“File”>“Print”>“Current pair”，使用 PDF 虚拟打印机，即可转换为 PDF 文档，该文档显示引物的

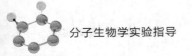

详细信息。

5. 实验结果

引物设计完成后，应对其进行 Blast 检测。如果与其他基因不具有互补性，就可以进行合成用于下一步实验。

6. 注意事项

（1）引物最好在模板 cDNA 的保守区内设计。

（2）引物长度一般在 15～30bp 之间，常用 18～27bp，因为过长会导致其延伸温度大于 74℃，不适于 Taq DNA 聚合酶进行反应。

（3）引物的 GC 含量在 40%～60% 之间为宜，一对引物的 GC 含量尽量接近，T_m 值最好接近 72℃。

（4）引物 3′-端要避开密码子的第 3 位，因其具有简并性，会影响扩增的特异性和效率；引物 3′-端出现 3 个以上的连续碱基，如 GGG 或 CCC，也会使错误引发机率增加。5′-端序列对 PCR 影响不太大，因此常用来引进修饰位点或标记物。

（5）引物 3′-端尽量不要选择 A，因为错配几率：A＞G、C＞T。

（6）碱基要随机分布，尽量不要有聚嘌呤或聚嘧啶。

（7）引物自身及引物之间不应存在互补性，尤其应避免 3′-端的互补重叠以防止引物二聚体的形成。引物之间不能有 4 个连续碱基的互补。

（8）引物发夹结构也可能导致 PCR 反应失败。

7. 思考题

PCR 引物手工设计和电子设计的各自优缺点是什么？

二、实验准备工作

在 GenBank 上搜索参考基因序列。

三、实验的时间安排

第一天：搜索参考序列。

第二天：设计引物。

PCR 扩增 DNA 中的引物设计（Ⅱ）

1. 实验目的

（1）了解多聚酶链式反应的概念。

（2）掌握 PCR 引物的设计的方法。

2. 实验原理

（1）设计引物的基本原理

待扩增片段的序列应当是已知的，或者其两端的序列是已知的。一般在设计引物时，只取 DNA 链中的一条作为设计模板，在涉及编码区时，以含有密码子的一条链作为设计模板（在每一个基因的 cDNA 克隆后，都会通过论文的发表而公布含有密码子的那一条 DNA 链的序列，可以直接用这一序列作为设计模板）。在非编码区部分，由于所研究的 DNA 序列往往处于一条链上，以这一条链的 DNA 序列作为设计模板即可。

设计引物时，首先确定待扩增 DNA 区段，然后在片段两侧确定引物顺序。5′-引物的序列实际上就是设计模板链待扩增片段的 5′-端序列；3′-引物的序列则与设计模板链待扩增片段的 3′-端序列互补。在 PCR 反应中 5′-引物是与设计模板链的互补链退火结合，引导合成的 DNA 链与设计模板链的序列相同；3′-引物则是与设计模板链退火结合，引导合成的 DNA 链与设计模板链的互补链的序列相同。因此，5′-引物和 3′-引物引导合成的 DNA 链正好互补，形成与待扩增片段序列相同的 DNA 片段。

当扩增 200～300bp 的 DNA 片段用于检测基因表达、利用 PCR 产物分析点突变、序列重复次数分析等目的时，可依据上述方法直接设计引物，用于 PCR 扩增。

（2）引物设计的基本原则

对整个 PCR 扩增体系，引物的设计占有十分重要的地位。PCR 技术在实际应用中，环境和条件是千差万别的。模板的组成、待扩增片段的长度及其不同的使用目的对引物的要求是不一样的。PCR 作为一个体外酶促反应，其效率和特异性取决于两个方面：一是引物与模板的特异结合；二是聚合酶对引物的有效延伸（即 DNA 合成）。基因组 DNA 作为模板时，由于其数量的庞大及结构复杂，除了特异扩增外，往往很容易产生非特异性扩增产物。引物设计的原则就是提高扩增的效率和特异性。引物设计一般遵循下列原则。

① 引物长度一般为 15～30 个核苷酸，也可根据需要设计得更长一些，但最多50 个核苷酸左右。

② 引物中碱基的分布最好是随机分布的，避免出现嘌呤、嘧啶堆积现象。引物 G＋C 含量宜在 45％～55％。但有时，因为待扩增序列已经确定，而两侧序列的 G＋C 过高或过低，无法更改，那就只能通过调整 PCR 反应条件以实现有效扩增。目前公司研制出试剂盒，能够促进（G＋C）高含量的 DNA 区段解链，从而在很大程度减少了引物设计时对 G＋C 含量的限制性。

③ 引物内部不应形成二级结构，避免链内或两个引物之间存在互补序列。一般来说，如果有 3 个连续的碱基有配对的序列，即认为存在互补序列。如：

```
5′ TCCGGAGTCATAAGTCTACG 3′
       | | |
3′ CAGCCGTACGTAATCGGCAC 5′
```

在实际设计引物时，完全避免引物二聚体的形成是很难的，大部分情况下都会有少数碱基配对。特别是引物中存在酶切位点时，就不可避免地会形成引物二聚

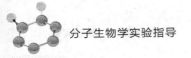

分子生物学实验指导

体。如：

5′TCCGGAGGATCCATAAGTCTACG3′
3′GCATCTGAATACCTAGGAGGCCT 5′

　　配对的碱基数越多，引物就越容易形成二聚体。一般情况下：形成引物二聚体对扩增效果影响不是很大。但如果配对碱基数太多，引物形成二聚体能力过强，就会影响引物与模板的退火结合，影响扩增效率。如果配对碱基数很多，扩增效果亦很差，就应当考虑这一因素。3′-末端在链内或另一引物上有互补序列存在的情况是特别应注意避免的。如：

5′TCCGGAGTCATAAGTCTACG 3′
3′CAGCCATGCGTAATCGGCAC 5′

　　出现这样的互补序列，在 PCR 反应过程中就会出现引物退火和延伸的反应。只要引物的3′-端延伸 1 个或数个碱基，引物就不能再与模板退火结合和引导 DNA 链的合成。因此，如果有一条引物的 3′-端出现链内互补或与另一条引物的序列互补，在 PCR 反应中，引物就会大量地被无效消耗，降低扩增效率，甚至不能获得目的序列的扩增产物。

　　④ 引物 3′-末端碱基与模板 DNA 一定要配对。

　　⑤ 引物 5′-末端碱基并无严格限制，5′-末端碱基可以不与模板 DNA 匹配而呈游离状态。因此，在引物中可以改变碱基（如引入酶切位点等）。但引物的 5′-端碱基最好是 G 或 C，使 PCR 产物的末端结合稳定。

　　（3）在引物中加入酶切位点或引入突变位点

　　PCR 产物的末端为平端，可以用 T4 噬菌体多核苷酸激酶将其磷酸化并用常规技术克隆到通用载体上，但若在引物中引入适当的酶切位点，可以使 PCR 产物的克隆效率更高。

　　引物的 5′-端存在不配对碱基，并不影响它引导 DNA 合成的能力。当引物与模板结合时，只要引物的 3′-端有 15 个碱基左右的核苷酸序列能正确配对，即可引导 DNA 链的合成。在引物 5′-末端最多可以游离十几个碱基而不影响 PCR 反应的进行。因此，在引物中可改变几个核苷酸，引入特定的酶切位点。

　　在引物中引入酶切位点时，引物的序列设计与前面提到的方法略有不同。引物序列不是完全取自设计模板链，而只有一部分与待扩增序列相同或互补。在引物中引入酶切位点，要注意位点的 5′-端上游不能少于 3 个核苷酸，否则这个位点是切不开的。有些酶（如 Hind Ⅲ），至少需要 7 个核苷酸。如下面设计的引物中引入了 Hind Ⅲ 位点（AAGCTT），在其 5′-端加了 8 个不配对的核苷酸：

5′ GCCGGAGTAAGCTTAACTACGATTCCATGC 3′

5′……GCAAATATCGTGACGTGACAACTACGATTCCATGC……

　　如有可能，特别是有可利用的碱基时，可以把位点放在引物的中间。如在下面设计的引物中，引入了 Hind Ⅲ 位点（AAGCTT），位点两端各有 11 个核苷酸与

48

设计模板链相同，可以与互补链配对：

5′CAGCATATCGTAAGCTTAACTACGATTC 3′

5′ATGCAGCATATCGTGCGTGAAACTACGATTCCATGC……

这样设计的引物，扩增效果及扩增后的 PCR 产物的酶切效果都很好。

在 PCR 的首轮反应中，引物与模板并不完全配对。但在后续的扩增循环中，这些与初始模板并不配对的序列将被带到双链 DNA（PCR 产物）中去，因而反应产物既有目标序列，同时两侧又有新的限制酶识别位点，用相应的限制酶切割这些位点后，便可将 DNA 扩增产物高效地插入带有相应末端的载体中去。

在引物设计时，除了可以在 5′-末端加上限制性内切核酸酶位点，还可以加入其他短的序列，如起始密码子 ATG、终止密码子或错配碱基造成突变。

（4）PCR 引物摩尔数的计算

在 PCR 反应中，引物的量是以 pmol 表示的，而合成引物后，引物的量是以 OD 值表示的。因此，需经适当换算，才能配制适当浓度的引物溶液。换算公式为 OD 值为 1 时，引物的量为 33μg。

引物的相对分子质量：碱基数×330

$$引物(pmol) = \frac{OD值 \times 33 \times 1\,000\,000}{碱基数 \times 330} = \frac{OD值 \times 1\,000\,000}{碱基数}$$

3. 实验步骤

阅读目的模版序列。

根据引物设计的基本原理和基本原则设计引物。

4. 实验结果

5. 思考题

引物设计的基本原理和基本原则。

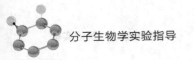

 实验 17 PCR 扩增 DNA 的基本反应

一、实验部分

1. 实验目的

（1）学习 PCR 扩增仪的使用。

（2）掌握 PCR 扩增 DNA 的原理及操作技术。

2. 实验原理

PCR 适用于扩增位于两端已知序列之间的 DNA 区段的一种方法，实际上是以 DNA 为模板，4 种 dNTP 为底物，在一对引物存在条件下依赖于 DNA 聚合酶的酶促合成反应。两条引物，分别与模板 DNA 两端各一条链上一段已知序列互补，而这两段模板序列又分别位于待扩增 DNA 的两侧。PCR 是通过变性、退火、延伸 3 个反应的有序组合和循环，达到扩增双链 DNA 的目的。

3. 实验仪器、材料及试剂

（1）仪器与耗材

PCR 仪，凝胶电泳设备（电泳仪、电泳槽、导线、制胶板、梳子等），凝胶成像仪（或紫外透射仪），台式离心机，微量移液器、Ep 管等。

（2）材料

模板 DNA（单、双链 DNA 均可作为 PCR 的样品模板）。

（3）试剂

① 10×PCR Buffer。

② MgCl$_2$ 25mmol/L。

③ dNTP（其中包括 dATP、dCTP、dGTP、dTTP，每种浓度均为 10mmol/L）。

④ 正向引物与反向引物。

⑤ TaqDNA 聚合酶（1U/μL）。

⑥ DNA 模板。

⑦ 琼脂糖凝胶电泳试剂。

4. 实验步骤

（1）在 0.2mL Ep 管内依次混匀下表所列试剂，配制 20μL 反应体系。

反应物	体积/μL
ddH$_2$O	12
10×PCR 缓冲液	2
MgCl$_2$（25mmol/L）	2

续表

反应物	体积/μL
正向引物(10μmol/L)	0.5
反向引物(10μmol/L)	0.5
模板 DNA	2
Taq DNA 聚合酶	1
总体积	20

（2）按下述循环程序进行扩增

程序阶段	程序名称	温度/℃	时间/s	循环数
1	预变性	94	180	1
2	变　性	94	30	30
	退　火	由引物序列确定退火温度	30	
	延　伸	72	30	
3	保　温	4	∞	1

5. 实验结果

配制 1‰琼脂糖凝胶电泳，取 10μL 扩增产物进行电泳，按实验 2 的方法观察结果。

6. 注意事项

（1）模板要求高纯度 DNA，避免反复冻融，防止降解。

（2）在 90～97℃下可使整个基因组的 DNA 变性为单链。一般 94～95℃下变性 30～60s。时间过长使 TaqDNA 聚合酶失活。

（3）退火温度一般在 45～55℃。退火温度低，PCR 特异性差；退火温度高，PCR 特异性高，但扩增产量低。

（4）延伸温度一般在 70～75℃。此温度下 Taq DNA 聚合酶活性最高。一般扩增产物长度小于 1kb，延伸时间 30s 即可。当扩增产物长度大于 1kb 时，可适当延长延伸时间。

（5）引物长度通常 18～22bp，两个引物扩增的片段大小为 300～500bp 为宜。

7. 思考题

（1）PCR 反应的原理是什么？

（2）如何确定 PCR 反应中的退火温度和延伸时间？

（3）影响 PCR 反应的因素有哪些？

二、实验准备工作

（1）DNA 模板的制备，PCR 反应试剂盒的购买和相关试剂的配制。琼脂糖凝胶电泳相关器材准备参见实验2。

（2）实验器皿的清、洗、包、灭

Tip头、Ep管需要装盒高压灭菌。

三、实验的时间安排

第一天：DNA模版的制备。

第二天：PCR扩增DNA，PCR扩增产物进行琼脂糖凝胶电泳观察。

实验 18　动物细胞总 RNA 的快速提取

一、实验部分

1. 实验目的
通过本实验学习从动物组织中提取 RNA 的方法。

2. 实验原理
研究基因的表达和调控时常常要从组织和细胞中分离和纯化 RNA。RNA 质量的高低常常影响 cDNA 库、RT-PCR 和 Northern 印迹等分子生物学实验的成败。Trizol 是一种新型总 RNA 抽提试剂，内含异硫氰酸胍等物质，能迅速破碎细胞，使核蛋白与 RNA 分离，释放出 RNA。再通过酚、氯仿等有机溶剂处理、离心，使 RNA 与其他细胞组分分离，得到纯化的总 RNA。并能抑制细胞释放出的核酸酶，保护 RNA 分子不被降解。

本实验介绍 Trizol 试剂法提取动物组织总 RNA 并通过电泳检测进行鉴定。

3. 实验仪器、材料及试剂
（1）仪器与耗材

超净工作台、高速冷冻离心机、电泳仪、紫外分光光度计、凝胶成像系统、振荡器、移液器、吸头、Ep 管、研钵、研棒等。

（2）试剂

① TRIzol RNA 抽提试剂。

② 3mol/L 乙酸钠（pH5.2）：2.463g 乙酸钠溶于 10mL H_2O，调节 pH 值，高压灭菌。

③ 0.1% DEPC：1mL DEPC 加入 1000mL H_2O 中，振荡过夜，高压灭菌。

④ 水饱和酚-氯仿-异戊醇混合液（25∶24∶1）。

⑤ 氯仿-异戊醇混合液（24∶1）。

⑥ 无水乙醇、70% 乙醇、异丙醇。

⑦ DEPC 处理水。

4. 实验步骤
（1）取新鲜动物组织 0.1～0.2g 置于研钵中，在液氮中迅速研磨样品，至粉末状，在粉末干燥的瞬间加入到预冷的含 1mL Trizol 液的 Ep 管中，室温下静置 5min。

（2）加入 200μL 氯仿，剧烈振摇 15s 混匀后，室温静置 3min。

（3）4℃，12000r/min 离心 10min，RNA 分布于水相中。

（4）将上层无色水相转移到另一 Ep 管中，加入等体积异丙醇，室温静置

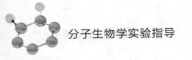

5～10min。

(5) 4℃，12000r/min 离心 10min。

(6) 弃上清液（为防止 RNA 的丢失，可用移液枪吸走）。

(7) 用 1mL75% 乙醇洗涤 RNA 沉淀物，4℃，7500r/min 离心 5min。

(8) 弃上清液，室温干燥，使酒精完全挥发。

(9) 向干燥过的沉淀物中加入 30～50μL DEPC 处理水（无菌水）溶解沉淀物，存于 −70℃ 保存备用。

5. 实验结果

提取的 RNA 为无色、透明状固体，加 DEPC 处理水溶解后，成为无色、透明液体。可用以下方法检测。

(1) 在紫外分光光度计上检测 RNA 浓度及纯度

用 DEPC 处理水校正零点；用 DEPC 处理水稀释 RNA 样品；读取 OD_{260}、OD_{280} 值及 OD_{260}/OD_{280} 的比值。

纯 RNA：$1.7 < OD_{260}/OD_{280} < 2.0$（<1.7 时表明有蛋白质或酚污染；>2.0 时表明可能有异硫氰酸残存）。若样品不纯，则比值发生变化，此时无法用分光光度法对核酸进行定量，可使用方案二的方法或其他方法进行估算。定量测定 RNA，其中 OD_{260} 值用来估算样品中核酸浓度，1 个 OD_{260} 值相当于 $40μg/mL$ RNA。OD_{260}/OD_{280} 的比值用于估计核酸的纯度，OD_{260}/OD_{230} 估计去盐的程度。对于 RNA 纯制品，其 $OD_{260}/OD_{280} ≈ 1.8～2.0$，$OD_{260}/OD_{230}$ 应大于 2.0，$OD_{260}/OD_{280} < 2.0$ 可能是蛋白污染所致，可以增加酚抽提；$OD_{260}/OD_{230} < 2$ 说明去盐不充分，可能是 GIT 污染所致，可以再次沉淀和 70% 乙醇洗涤。

(2) 琼脂糖凝胶电泳检测

6. 注意事项

(1) RNA 是极易降解的核酸分子。因此提取总 RNA 必须在无 RNase 环境中，戴口罩、手套、使用无 RNase 污染的试剂、材料、容器。并且在操作的过程中不断更换手套。

(2) 所有溶液应加 DEPC 至体积分数 0.05%～0.1%，室温处理过夜，然后高压处理或加热至 70℃ 1h 或 60℃ 过夜，以除去石油残留的 DEPC。

(3) 所用的化学试剂应为新包装，称量时使用干烤处理的称量匙，所有操作均应在冰浴中进行，低温条件可减低 RNA 酶活性。

(4) 根据 RNA 样品的紫外吸收 OD 值，可计算出 RNA 浓度。

$$单链 RNA[ssRNA] = 40 × (OD_{260} − OD_{310}) × 稀释倍数$$

纯 RNA OD_{260}/OD_{280} 比值通常在 1.7～2.0。若比值低于 1.7，说明有蛋白质等污染，应用酚/氯仿在抽提。若比值低于 2.0，表明有盐、胍、糖，可用 LiCl 选择沉淀 RNA 以除去杂质。

(5) RNA 样品电泳后，可见 28S、18S 及 5S 小分子 RNA 条带，则说明完整性好。若有降解可能是操作不当或污染了 RNase。28S RNA 和 18S RNA 比值约为 2∶1，表明 RNA 无降解。如比值逆转，则表明 RNA 降解。电泳中如果在 28S RNA 后方还有条带，表明有 DNA 污染，应用 DNase 处理后再进行纯化。

7. 思考题

（1）怎样去除 RNA 中的 DNA？

（2）Trizol 试剂有什么作用，应该含有哪些成分？

二、实验的准备工作

1. 试剂的配制及灭菌（略）

2. 实验器皿的清、洗、包、灭

玻璃器皿、陶瓷器皿洗净后用锡箔纸包裹，置 180℃烘烤 8h；不耐高温的器皿（如塑料制品）应用 0.1% DEPC 浸泡过夜，120℃高压 120min，再 70～80℃烘烤干燥方可使用。

三、实验的时间安排

第一天：配置 0.1% DEPC，放置 12h，将提取 RNA 用的枪头、1.5mL 离心管、0.2mL 离心管在 0.1% DEPC 处理水中泡过夜。

第二天：将过夜浸泡的枪头、1.5mL 离心管、0.2mL 离心管 120℃高压 120min，再 70～80℃烘烤干燥方可使用。玻璃器皿、陶瓷器皿洗净后用锡箔纸包裹，置 180℃烘烤 8h。

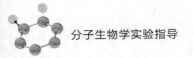

实验 19　植物细胞总 RNA 的提取

一、实验内容

1. 实验目的
通过本实验学习从植物组织中提取 RNA 的方法。

2. 实验原理
RNA 是基因表达的中间产物，存在于细胞质与核中。对 RNA 进行操作在分子生物学中占有重要地位。获得高纯度和完整的 RNA 是很多分子生物学实验所必需的，如 Northern 杂交、cDNA 合成及体外翻译等实验的成败，在很大程度上取决于 RNA 的质量。由于细胞内的大部分 RNA 是以核蛋白复合体的形式存在，所以在提取 RNA 时要利用高浓度的蛋白质变性剂，迅速破坏细胞结构，使核蛋白与 RNA 分离，释放出 RNA。再通过酚、氯仿等有机溶剂处理、离心，使 RNA 与其他细胞组分分离，得到纯化的总 RNA。在提取的过程中要抑制内源和外源的 RNase 活性，保护 RNA 分子不被降解。因此提取必须在无 RNase 的环境中进行。可使用 RNase 抑制剂，如 DEPC 是 RNase 的强抑制剂，常用来抑制外源 RNase 活性。提取缓冲液中一般含 SDS、酚、氯仿、胍盐等蛋白质变性剂，也能抑制 RNase 活性。并有助于除去非核酸成分。

本实验介绍 CTAB（十六烷基三甲基溴化铵）法和 Trizol 法提取植物组织总 RNA 并通过电泳进行鉴定。

3. 实验仪器、材料及试剂
（1）仪器与耗材

超净工作台、高速冷冻离心机、电泳仪、紫外分光光度计、凝胶成像系统、振荡器、移液器、吸头、Ep 管、研钵、研棒等。

（2）试剂

① 0.5mol/L Tris-HCl：3.029g Tris 碱溶于 40mL 双蒸水中，用盐酸调 pH 值到 8.0，定容至 50mL，高压灭菌。

② 0.25mol/L EDTA：4.623g EDTA 定溶于 50mL 双蒸水中，用 NaOH 调 pH 值到 8.0 时完全溶解，高压灭菌。

③ RNA 提取缓冲液（50mL）：

2.0% CTAB	1g
2.5mol/L NaCl	4.09g
0.5mol/L Tris-HCl pH8.0	5mL
0.25mol/L EDTA	2mL
0.5% PVP-10	1g

0.2% β-巯基乙醇（用前加入）：1mL 提取液加 20μL，除了 0.2% β-巯基乙醇是用前加入，其他加好之后高压灭菌。

④ 4mol/L 乙酸钾（pH5.5）：20mL 冰乙酸＋15mL H₂O＋19.6g 乙酸钾粉末，高压灭菌。

⑤ LiCl（8mol/L）：3.392g 溶于 10mL H₂O 中，高压灭菌。

4. 实验步骤

（1）CTAB 法提取总 RNA（适用于木本植物叶子、韧皮部）

① 称取 0.15～0.2g 样品韧皮组织，加入液氮迅速研磨成粉末，转入 1.5mL 离心管中，每管加入 1mL，65℃预热 30min 的 RNA 提取液，充分混匀，65℃水浴 30min。

② 4℃条件下 12000r/min，离心 10min。

③ 吸取上清，加入等体积酚：氯仿：异戊醇（25：24：1），颠倒混匀，冰上放置 10min。

④ 4℃条件下 12000r/min，离心 10min。

⑤ 吸取上清，加入 1/20 体积 4mol/L 乙酸钾（pH5.5）、1/10 体积－20℃预冷的无水乙醇，轻轻颠倒混匀。

⑥ 加入等体积氯仿-异戊醇混合液（24：1），颠倒混匀，冰上放置 10min。

⑦ 4℃条件下 12000r/min，离心 10min；吸取上清；加入 1/3 体积 LiCl（8mol/L），使 LiCl 终浓度为 2mol/L。4℃放置过夜。

⑧ 沉淀完全后 4℃条件下 12000r/min，离心 10 min；弃上清，用 70%乙醇漂洗沉淀，稍稍晾干沉淀后加入 50μL 的 H₂O 溶解沉淀。

⑨ 加入等体积的氯仿-异戊醇（24：1）混合液再抽提 1 次，转移上清至新离心管中，加入 2 倍体积无水乙醇，－20℃放置 2h。

⑩ 4℃条件下 12000r/min，离心 10 min，沉淀用适量 70%乙醇于超净工作台晾干，加 30～50μL DEPC 处理水溶解沉淀物，－70℃保存待用。

（2）Trizol 试剂提取 RNA（适用于草本植物）

① 取新鲜组织（或存于－70℃的组织）0.1～0.2g 置于预冷的研钵中，在液氮中迅速研磨样品，至粉末状，在粉末干燥的瞬间加入到预冷的含 1mL Trizol 液的 Ep 管中，室温下静置 5min。

② 加入 200μL 氯仿，剧烈振摇 15s 混匀后，室温静置 10min。

③ 4℃，12000r/min 离心 20min。

④ 取下离心管，此时离心管匀浆液分为三层（无色上清，中间蛋白质层，有染色的有机层），吸取上清转移到另一新的 Ep 管中，加入等体积异丙醇，上下颠倒充分混匀，室温静置 10min。

⑤ 4℃，12000r/min 离心 10min。

⑥ 小心弃去上清液（为防止 RNA 的丢失，可用移液枪吸走）。

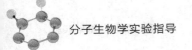

⑦ 用 1mL75％乙醇洗涤 RNA 沉淀物。重复一次。

⑧ 4℃，12000r/min 离心 5min，弃去乙醇，可用移液枪吸。

⑨ 超净工作台中干燥 15～20min（不开通风），使酒精完全挥发。

⑩ 向干燥过的沉淀物中加入 30～50μL DEPC 处理水溶解沉淀物，用小离心机离心 30s 沉淀溶解，存于－70℃保存备用。

5. 实验结果

提取的 RNA 为无色、透明状固体，加 DEPC 处理水溶解后，成为无色、透明液体。可用以下方法检测。

（1）在紫外分光光度计上检测 RNA 浓度及纯度。

参见实验 18 实验结果（1）。

（2）琼脂糖凝胶甲醛变性电泳检测

6. 注意事项

参见实验 18 注意事项。

7. 思考题

（1）怎样去除 RNA 中的 DNA？

（2）为什么草本植物和木本植物提法方法不同？

二、实验的准备工作

1. 试剂的配制及灭菌（略）

2. 实验器皿的清、洗、包、灭

玻璃器皿、陶瓷器皿洗净后用锡箔纸包裹，置180℃烘烤 8h；不耐高温的器皿（如塑料制品）应用 0.1％ DEPC 浸泡过夜，120℃高压 120min，再 70～80℃烘烤干燥方可使用。

三、实验的时间安排

第一天：配置 0.1％DEPC，放置 12h，将提取 RNA 用的枪头、1.5mL 离心管、0.2mL 离心管在 0.1％ DEPC 处理水中泡过夜。

第二天：将过夜浸泡的枪头、1.5mL 离心管、0.2mL 离心管 120℃高压 120min，再 70～80℃烘烤干燥方可使用。玻璃器皿、陶瓷器皿洗净后用锡箔纸包裹，置 180℃烘烤 8h。

实验 20 细菌总 RNA 的提取

一、实验部分

1. 实验目的
了解用 Trizol 溶液提取细菌总 RNA 的方法。

2. 实验原理
Trizol 主要物质是异硫氰酸胍，它可以破坏细胞使 RNA 释放出来的同时，保护 RNA 的完整性。加入氯仿后离心，样品分成水相和有机相。RNA 存在于水相中。收集上面的水相后，RNA 可以通过异丙醇沉淀来还原。无论是人、动物、植物还是细菌组织，Trizol 法对少量的组织（50～100mg）和细胞（5×10^6）以及大量的组织（≥1g）和细胞（>10^7）均有较好的分离效果。Trizol 试剂操作上的简单性允许同时处理多个样品。所有操作可以在 1h 内完成。Trizol 抽提的总 RNA 能够避免 DNA 和蛋白的污染。故而能够作 RNA 印迹分析、斑点杂交、poly（A）亲和色谱分离纯化、体外翻译、RNA 酶保护分析和分子克隆。

3. 实验仪器、材料及试剂
（1）仪器与耗材：超净工作台，1.5mL 离心管，移液枪，低温离心机。

（2）材料：大肠杆菌。

（3）试剂：Trizol 溶液，氯仿，异丙醇，75%乙醇，DEPC（千分之一）。

4. 实验步骤
（1）采用 Trizol 溶液提取细菌的总 RNA。

（2）挑取工程菌单菌落，培养至稳定期，取菌液 3mL 离心得菌体于 1.5mL 离心管。

（3）每管加入 1mL Trizol 溶液，盖紧管盖，激烈振荡 15s，室温静置 5min。

（4）4℃，12000r/min，离心 10min。

（5）取上清（约 1mL）转入新的 1.5mL 离心管中。

（6）每管加入 0.2mL 的氯仿（0.2×Trizol），盖紧盖，剧烈振荡 15s。

（7）室温静置 3min，4℃，12000r/min，离心 10min。

（8）小心吸取上层水相，转入另一新的 1.5mL 离心管，测量其体积。

（9）加入 1 倍体积的氯仿，盖紧盖，剧烈振荡 15s。

（10）室温静置 3min。

（11）4℃，12000r/min，离心 10min。

（12）小心吸取上层水相，转入另一已编号新的 1.5mL 离心管。

（13）加入 0.5mL 的异丙醇（0.5×Trizol），轻轻颠倒混匀。

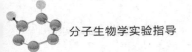

（14）室温，静置 10min。

（15）4℃，12000r/min，离心 10min，RNA 沉于管底。

（16）小心吸去上清，加 1mL 75％的乙醇（预冷），并轻柔颠倒，洗涤沉淀。

（17）4℃，7500r/min，离心 5min。

（18）小心弃上清，微离，吸去剩余乙醇，室温干燥 10min。

（19）各管用 50μL DEPC 处理过的双蒸去离子水溶解，55～60℃温育 5min，分装，－80℃贮存（可贮存 5 周）。

5. 实验结果

RNA 为无色透明固体，加 DEPC 处理过的双蒸去离子水后，成为无色透明状液体。可用以下方法检测。

（1）在紫外分光光度计上检测 RNA 浓度及纯度。

参见实验 18 实验结果（1）。

（2）琼脂糖凝胶甲醛变性电泳检测

6. 注意事项

（1）提取细菌总 RNA 时，一般不必记数细菌数，通常取经过良好培养的菌液 1～1.5mL（约含菌 10^8 以上），10000r/min 离心 1min，倒去上清，一般管底会残留 50～100μL 液体，在振荡器上充分振荡开细菌团，使之成为均一的细菌悬液，加 600μL 的裂解液，振荡数次以充分混匀，见到裂解液清晰后，即可以按照后期的流程操作。室温离心和全程室温操作对 RNA 提取的质量影响不大，而且可以减少操作复杂性，有利于减少操作引起的 RNA 降解，推荐全程室温操作。10000r/min 离心 1min 是可以的，只是最后一步洗液离心时要 2～3min。注意细菌要新鲜培养后尽快提取。

（2）提取时要做到超净台内操作、操作带一次性手套、Ep 管及 Tip 头都要用 0.1％DEPC 处理水水处理（0.1％DEPC 浸泡过夜后，高压蒸气灭菌）、小心、细致、晃动及每次移液要轻。这样做的目的是：一是小心 RNAse 的污染降解 RNA；二是动作过度暴力破坏 RNA 的完整性。

（3）一般 RNA 电泳应该是做甲醛变性电泳，但是一般的琼脂糖电泳也可以，需要上样量稍微大些，并且跑电泳的时间越短越好（这样也是为了减少外界 RNAse 对 RNA 的降解），跑完电泳立刻观察。

7. 思考题

（1）如何防止 RNA 降解？

（2）抽提率低的原因有哪些？

二、实验准备工作

1. 试剂配制及灭菌

（1）DEPC 处理水：1＋1000mL 双蒸水＝0.1％DEPC 处理水，1000mL 容量

瓶中静置 4h。

（2）75％乙醇：无水乙醇＋DEPC 处理水，－20℃保存（DEPC 处理水需先高压）。

（3）氯仿：棕色瓶。

（4）异丙醇：棕色瓶。

2. 实验器皿的清洗、包、灭

（1）塑料制品（包括枪头、Ep 管、匀浆管等）

先将 DEPC 处理水从容量瓶中倒入瓷缸中，将塑料制品逐个浸泡其中，小枪头需打入 DEPC 处理水，室温过夜，高压，烤干备用，实验前将枪头等放入吸头台，再高压一次（Ep 管）。胶塞同样处理。塑料器皿也可在 0.5mol/L NaOH 中浸泡 10min，用水彻底漂洗干净后高压灭菌备用。

（2）玻璃制品

泡酸过夜，冲洗干净，0.1％ DEPC 过夜，盖锡纸，150℃烘烤 4h，180℃烘烤 2h，或泡酸过夜，冲洗干净后高温烘烤，0.1％ DEPC 过夜，高压。盛装乙醇、DEPC 处理水，备用。

（3）匀浆器

先洗净后（包括剪刀、镊子），再高压（不需要泡 DEPC）。

三、实验的时间安排

第一天：器皿灭菌及准备试剂。
第二天：提取 RNA 及检测。

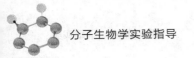

实验 21　总 RNA 的变性琼脂糖凝胶电泳检测

一、实验部分

1. 实验目的

掌握总 RNA 变性胶电泳的原理和方法。

2. 实验原理

RNA 电泳可以在变性及非变性两种条件下进行。非变性电泳使用 1.0%～1.4% 的凝胶，不同的 RNA 条带也能分开，但无法判断其分子量。只有在完全变性的条件下，RNA 的迁移率才与分子量的对数呈线性关系。因此要测定 RNA 分子量时，一定要用变性凝胶。如需快速检测提取总 RNA 的质量，可用普通的 0.01g/mL 琼脂糖凝胶检测。

判断 RNA 提取物的完整性是进行电泳的主要目的之一。完整的未降解 RNA 制品的电泳图谱应可清晰看到 28S rRNA、18S rRNA、5S rRNA 的三条带，且 28S rRNA 的亮度应为 18S rRNA 的两倍。

3. 实验仪器、材料及试剂

（1）仪器与耗材

水平式琼脂糖凝胶电泳系统、电子天平、移液器、Tip 头、电炉、紫外透射检测仪等。

（2）材料

植物、动物或细菌的总 RNA 溶液。

（3）试剂

0.1% DEPC 处理水，10× 电泳缓冲液，50mL 变性琼脂糖凝胶 0.01g/mL，上样缓冲液，甲酰胺（去离子）。

4. 实验步骤

（1）制胶：称取 0.5g 琼脂糖粉末，加入放有 36.5mL 的 DEPC 处理水的锥形瓶中，加热使琼脂糖完全溶解。稍冷却后加入 5mL 的 10× 电泳缓冲液、8.5mL 的甲醛。然后在胶槽中灌制凝胶，插好梳子，水平放置待凝固后使用。

（2）加样：在一个洁净的小离心管中混合以下试剂：2μL 10× 电泳缓冲液、3.5μL 甲醛、10μL 甲酰胺、3.5μL RNA 样品。混匀，置 60℃ 保温 10min，冰上速冷。加入 3μL 的上样缓冲液混匀，取适量加样于凝胶点样孔内。同时点 RNA 标准样品。

（3）电泳：打开电泳仪，稳压 7.5V/cm 电泳。

（4）待溴酚蓝迁移至凝胶长度的 1/2～2/3 处结束电泳。将凝胶置于溴化乙锭溶液中染色约 5min。

（5）在凝胶成像系统观察并分析。

5. 实验结果

以牛的总 RNA 提取为例，变性琼脂糖凝胶电泳检测后结果如图 1-8 所示。

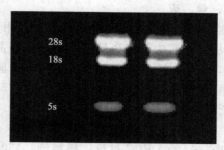

图 1-8 牛总 RNA 的变性琼脂糖电泳检测结果

从图中可以看出，完整的 RNA 拥有 28S rRNA：18S rRNA＝2：1 的比例。28S rRNA 的亮度是 18S rRNA 亮度的两倍，因此提取时成功的。若降解，28S rRNA 比率会减少。

6. 注意事项

（1）本实验中必须防止 RNase 污染，以免 RNA 降解。所有试剂需用 DEPC 处理水配制，用具也用 DEPC 处理水冲洗，并灭菌。

（2）RNA 的非变性琼脂糖凝胶电泳与 DNA 的操作相同。

7. 思考题

如何判断 RNA 提取物的质量？

二、实验准备工作

1. 试剂配制及灭菌

（1）0.1% DEPC 处理水：200mL 双蒸去离子水加 0.2mL DEPC（焦炭酸二乙酯），充分搅拌混匀，室温放置过夜，高压灭菌。

（2）10×电泳缓冲液

吗啉代丙烷磺酸（MOPS）	0.4mol/L（pH7.0）
乙酸钠	0.1mol/L
乙二胺四乙酸（EDTA）	10mmol/L

（3）50 mL 变性琼脂糖凝胶 0.01g/mL

10×电泳缓冲液	5mL
琼脂糖	0.5g
0.1% DEPC 处理水	36.5mL

加热溶解，稍冷却，加入 8.5mL 37%甲醛

（4）上样缓冲液：50%甘油，1mmol/L EDTA，4mg/mL 溴酚蓝，4mg/mL

二甲苯蓝。

（5）甲酰胺（去离子）。

（6）溴化乙锭溶液：0.5μg/mL，用 0.1mol/L 乙酸胺配制。

2. 实验器皿的清洗、包、灭

（1）塑料制品（包括枪头、小离心管、电泳槽、制胶用具等）

先将 DEPC 处理水从容量瓶中倒入瓷缸中，将塑料制品逐个浸泡其中，小枪头需打入 DEPC 处理水，室温过夜，高压，烤干备用，实验前将枪头等放入吸头台，再高压一次。胶塞同样处理。塑料器皿也可在 0.5mol/L NaOH 中浸泡 10min，用水彻底漂洗干净后高压灭菌备用。

（2）玻璃制品

泡酸过夜，冲洗干净，0.1％DEPC 过夜，锡箔纸，150℃烘烤 4h，180℃烘烤 2h。或泡酸过夜，冲洗干净后高温烘烤，0.1％DEPC 过夜，高压。盛装乙醇、DEPC 处理水，备用。

三、实验的时间安排

第一天：器皿灭菌及准备试剂。

第二天：电泳检测。

实验 22 探针的制备

一、实验部分

1. 实验目的

基因探针与核酸样品中具有互补序列的核酸片段退火杂交，已在基因克隆筛选、酶切图谱制作、基因突变、DNA 序列分析以及某些临床诊断等方面广泛应用。

2. 实验原理

基因探针，即核酸探针，是一段带有检测标记，且顺序已知的，与目的基因互补的核酸序列（DNA 或 RNA）。基因探针通过分子杂交与目的基因结合，产生杂交信号，能从浩瀚的基因组中把目的基因显示出来。探查不同的目的基因和不同种类的基因缺陷，应当选择使用不同种类和长度的探针。

分子探针技术又称分子杂交技术，是利用 DNA 或 RNA 分子的变性、复性以及碱基互补配对的高度精确性，对某一特异性 DNA 序列进行探查的新技术。探针利用同位素、生物素等标记的特定 DNA 或 RNA 片断，该片断可大至寄生虫基因组 DNA，小至 20 个核苷酸。当核酸探针与待测的单链 DNA（或 RNA）按碱基顺序互补结合时，形成标记 DNA-DNA（或标记 DNA-RNA）的双链杂交分子，放射自显影或酶检测等检测杂交反应结果。由于 DNA 分子碱基互补的精确性，单链 DNA 探针仅与样品中变性处理的 DNA 单链出现配对杂交，由此决定了探针的特异性；用放射性同位素（如 ^{32}P）或生物素标记探针，使杂交实验同时具有高度的敏感性。

3. 实验仪器、材料及试剂

（1）仪器与耗材

PCR 仪，凝胶成像仪，研磨器，紫外分光光度计，电泳设备等。

（2）试剂

DIG High Prime DNA Labeling and Detection Starter Kit，pMD19-T 连接试剂盒，Trizol，琼脂糖，氯仿、异丙醇、DEPC 处理水等。

4. 实验步骤

以地高辛标记为例，生物素及同位素标记等在探针标记步骤中略有不同，见相应试剂盒说明即可。

（1）引物：根据欲检测的基因序列，设计特异性扩增引物，确保能正确扩增所需基因片段。

（2）组织 RNA 的提取：无菌剪取本实验室采集的样本适量 0.1g，并用研磨器进行充分研磨后，依据 Trizol 操作说明，取研磨后的组织于 1.5mL 离心管中，加入 1mL Trizol 室温静置 10min，加入氯仿 400μL 剧烈振荡后，室温静置 10min，加入氯仿 200μL 剧烈振荡后，室温静置 10min，12000r/min 离心 15min，将上层无色水相约 400μL 转管，加入异丙醇 500μL 混匀，室温静置 10min，12000r/min 离心 10min，弃上清，加入 75% DEPC 水处理的乙醇 1mL，清洗，7500r/min 离心 10min，弃上清，适当干燥后将 RNA 溶于 10μL DEPC 处理水中，立即进行 RT-PCR 反应。

（3）目的片段的 RT-PCR 扩增：将上述提取的 RNA 立即进行反转录，于 PCR 反应管中依次加入 5×M-MLV Buffer 2μL，RNase 抑制剂 0.25μL，RTase M-MLV（RNase H-）0.5μL，上、下游引物各 1μL，RNA 5.25μL，混匀后置 42℃ 50min，然后 72℃ 15min 终止反应。

（4）将上述合成的 cDNA 进行 PCR 扩增，反应采用 25μL 体系，反应程序为 94℃ 变性 5min，94℃ 30s，55℃ 30s，72℃ 1min，35 个循环后 72℃ 延伸 10min，反应结束后取 5μL PCR 产物于 0.8% 琼脂糖凝胶电泳，观察电泳结果。

（5）PCR 产物的克隆及序列测定：将上述 PCR 产物于 0.8% 琼脂糖凝胶电泳，紫外灯照射下切取目的片段，按照 DNA 回收试剂盒说明书回收目的 DNA，将回收的目的 DNA 与 pMD19-T 载体 4℃ 连接过夜，转入大肠杆菌中，经蓝白斑筛选，酶切鉴定，得到阳性重组质粒，送生物公司测序。

（6）探针的纯化和标记：利用阳性克隆提取重组质粒作为模板进行 PCR 扩增，然后进行凝胶回收。将回收的 PCR 产物经苯酚、氯仿抽提后，用乙醇沉淀，溶于 20μL 灭菌的双蒸水中，用紫外分光光度计测定吸光度，确定 DNA 浓度，然后 100℃ 水浴 10min，使模板 DNA 变性，立即冰浴 10min，取 16μL 回收的核酸片段加入 4μL 地高辛标记物混匀，离心，37℃ 水浴 20h，加入 2μL 0.2mol/L EDTA（pH8.0）或 65℃ 加热 10min 终止反应，标记效率检测并稀释探针，于 -20℃ 保存。

（7）探针杂交：依据杂交试剂盒，将探针进行变性、固定、预杂交、杂交、洗膜及显色等步骤进行检测。

（8）敏感性检测：将回收并定量的 DNA 按一定比例进行稀释，分别取 1μL 样品点样于 NC 膜上，然后按试剂盒说明进行变性、固定、预杂交、杂交、洗膜及显色等，观察结果。

5. 实验结果

（1）PCR 电泳结果：（例）用提取的病料组织 RNA 以及阳性菌液为模板进行 PCR 扩增后的电泳结果，由图 1-9 可见，以菌液为模板扩增后的 PCR 产物浓度高，因此，以菌液为模板，扩增目的片段（此基因目的片段大小为 406bp），凝胶回收，纯化 DNA，用于探针标记。

（2）敏感性实验：将提取的黄病毒核酸经系列稀释后，点样于 NC 膜上，与制备的标记探针进行杂交、显色，结果显示（图 1-10），标记探针的最低检出量为 100pg/μL。

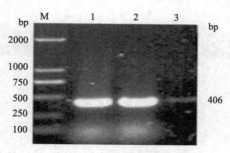

图 1-9 PCR 扩增结果

M—DL2000 Marker；1，2—阳性菌液做模板；3—提取组织 RNA 做模板

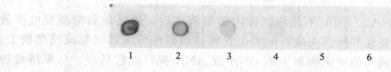

图 1-10 敏感性实验结果

1～6—1μL 溶液中 RNA 含量分别为 10ng、5ng、1ng、100pg、50pg、10pg

6. 注意事项

（1）合成探针的长短：合成过长成本高，且易出现聚合酶合成错误，杂交时间长，合成太短则特异性下降。

（2）碱基组成：G-C 应含 40%～60%，一种碱基连续重复不超过 4 个，以免非特异性杂交产生。

（3）探针自身序列内应无互补区域，以免产生"发夹"结构，影响杂交。总之，一个好的探针最终要在实践中才能加以确认。

7. 思考题

（1）一般用于探针标记的方法有哪些？

（2）怎样加深 Lebeled Control DNA 显色效果和提高探针标记效率？

二、实验准备

试剂的配制及实验器皿的灭菌工作参照 RNA 提取的实验步骤进行，探针制备参照试剂盒说明书进行。

三、实验的时间安排

第一天：准备引物、配置 RNA 提取所用试剂及枪头等物品，灭菌。

第二天：提取 RNA、进行 RT-PCR、用得到的 cDNA 进行 PCR 扩增。

第三天：PCR 产物测序。

第四天：探针的纯化和标记、预杂交、交杂、敏感性检测。

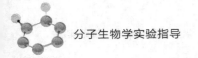

实验 23　Southern 杂交

一、实验部分

1. 实验目的

检测样品中的 DNA 及其含量，了解基因的状态，如是否有点突变、扩增、重排等。

2. 实验原理

将待检测的 DNA 分子用/不用限制性内切酶消化后，通过琼脂糖凝胶电泳进行分离，继而将其变性并按其在凝胶中的位置转移到硝酸纤维素滤膜或尼龙膜上，固定后再与同位素或其他标记物标记的 DNA 或 RNA 探针进行反应。如果待检物中含有与探针互补的序列，则二者通过碱基互补的原理进行结合，游离探针洗涤后用自显影或其他合适的技术进行检测，从而显示出待检的片段及其相对大小。

Southern 杂交可用来检测经限制性内切酶切割后的 DNA 片段中是否存在与探针同源的序列，它包括下列步骤。

(1) 酶切 DNA，凝胶电泳分离各酶切片段，然后使 DNA 原位变性。

(2) 将 DNA 片段转移到固体支持物（硝酸纤维素滤膜或尼龙膜）上。

(3) 预杂交滤膜，覆盖滤膜上无 DNA 片段的部分。

(4) 让探针与同源 DNA 片段杂交，然后漂洗除去非特异性结合的探针。

(5) 通过自显影检查目的 DNA 所在的位置。

Southern 杂交能否检出杂交信号取决于很多因素，包括目的 DNA 在总 DNA 中所占的比例、探针的大小和活性、转移到滤膜上的 DNA 量以及探针与目的 DNA 间的配对情况等。在最佳条件下，放射自显影曝光数天后，Southern 杂交能很灵敏地检测出低于 0.1pg 与 ^{32}P 标记的高比活性探针（＞109cpm/μg）的互补 DNA。如果将 10μg 基因组 DNA 转移到滤膜上，并与长度为几百个核苷酸的探针杂交，曝光过夜，则可检测出哺乳动物基因组中 1kb 大小的单拷贝序列。

将 DNA 从凝胶中转移到固体支持物上的方法主要有 3 种。

(1) 毛细管转移。本方法由 Southern 发明，故又称为 Southern 转移（或印迹）。毛细管转移方法的优点是简单，不需要用其他仪器。缺点是转移时间较长，转移后杂交信号较弱。

(2) 电泳转移。将 DNA 变性后，可电泳转移至带电荷的尼龙膜上。该法的优点是不需要脱嘌呤/水解作用，可直接转移较大的 DNA 片段。缺点是转移中电流较大，温度难以控制。通常只有当毛细管转移和真空转移无效时，才采用电泳转移。

（3）真空转移。有多种真空转移的商品化仪器，它们一般是将硝酸纤维素滤膜或尼龙膜放在真空室上面的多孔屏上，再将凝胶置于滤膜上，缓冲液从上面的一个贮液槽中流下，洗脱出凝胶中的 DNA，使其沉积在滤膜上。该法的优点是快速，在 30min 内就能从正常厚度（4～5mm）和正常琼脂糖浓度（<1%）的凝胶中定量地转移出来。转移后得到的杂交信号比 Southern 转移强 2～3 倍。缺点是如不小心，会使凝胶碎裂，并且在洗膜不严格时，其背景比毛细转移要高。

3. 实验仪器、材料及试剂

（1）仪器与耗材

电泳仪，电泳槽，塑料盆，真空烤箱，放射自显影盒，X 光片，杂交袋，硝酸纤维素滤膜或尼龙膜，3mm 滤纸等。

（2）材料

待检测的 DNA，已标记好的探针。

（3）试剂

① 10mg/mL 溴化乙锭（EB）。

② 50×Denhardt's 溶液：5g Ficoll-40，5g PVP，5g BSA 加水至 500mL，过滤除菌后于 -20℃储存。

③ 1×BLOTTO：5g/100mL1×PBS 脱脂奶粉，0.02% 叠氮化钠，储于 4℃。

④ 预杂交溶液：6×SSC，5×Denhardt，0.5%SDS，100mg/mL 鲑鱼精子 DNA，50% 甲酰胺。

⑤ 杂交溶液：预杂交溶液中加入变性探针即为杂交溶液。

⑥ 0.2mol/L HCl，0.1%SDS，0.4mol/L NaOH。

⑦ 变性溶液：87.75g NaCl，20.0g NaOH 加水至 1000mL。

⑧ 中和溶液：175.5g NaCl，6.7g Tris-HCl，加水至 1000mL。

⑨ 20×SSC：3mol/L NaCl，0.3mol/L 柠檬酸钠，用 1mol/L HCl 调节 pH 值至 7.0。

⑩ 2×SSC、1×SSC、0.5×SSC、0.25×SSC 和 0.1×SSC：用 20×SSC 稀释。

4. 实验步骤

（1）约 50μL 体积中酶切 10pg～10μg 的 DNA，然后在琼脂糖凝胶中电泳 12～24h（包括 DNA 分子量标准物）。

（2）500mL 水中加入 25μL 10mg/mL 溴化乙锭，将凝胶放置其中染色 30min，然后照相。

（3）依次用下列溶液处理凝胶，并轻微摇动：500mL 0.2mol/L HCl 10min，倒去溶液（如果限制性片段>10kb，酸处理时间为 20min），用水清洗数次，倾去溶液；500mL 变性溶液两次，每次 15min，倾去溶液；500 mL 中和溶液 30min。如果使用尼龙膜杂交，本步可以省略。

（4）戴上手套，在盘中加 20×SSC 液，将硝酸纤维素滤膜先用无菌水完全湿透，再用 20×SSC 浸泡。将硝酸纤维素滤膜一次准确地盖在凝胶上，去除气泡。用浸过 20×SSC 液的 3mm 滤纸盖住滤膜，然后加上干的 3mm 滤纸和干纸巾，根据 DNA 复杂程度转移 2～12h。当使用尼龙膜杂交时，该膜用水浸润一次即可，转移时用 0.4mol/L NaOH 代替 20×SSC。简单的印迹转移 2～3h，对于基因组印迹，一般需要较长时间的转移。

（5）去除纸巾等，用蓝色圆珠笔在滤膜右上角记下转移日期，做好记号，取出滤膜，在 2×SSC 中洗 5min，晾干后在 80℃中烘烤 2h。注意在使用尼龙膜杂交时，只能空气干燥，不得烘烤。

（6）将滤膜放入含 6～10mL 预杂交液的密封小塑料袋中，将预杂交液加在袋的底部，前后挤压小袋，使滤膜湿透。在一定温度下（一般为 37～42℃）预杂交 3～12h，弃去预杂交液。

（7）制备同位素标记探针，探针煮沸变性 5min。在杂交液中加入探针，混匀。如上一步骤将混合液注入密封塑料袋中，在与预杂交相同温度下杂交 6～12h。

（8）取出滤膜，依次用下列溶液处理，并轻轻摇动：在室温下，1×SSC/0.1% SDS，15min，2 次。在杂交温度下，0.25×SSC/0.1% SDS，15min，2 次。

（9）空气干燥硝酸纤维素滤膜，然后在 X 光片上曝光。通常曝光 1～2d 后可见 DNA 谱带。对于 ≥108cpm/μg 从缺口平移所得探针，可很容易地从 10μg 哺乳DNA 中检测到 10pg 的单拷贝基因。

5. 实验结果

以烟草总 DNA 的酶切产物为例，检测结果如图 1-11 所示。

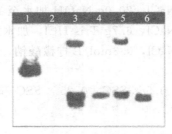

图 1-11　Southern 印迹分析结果

1—对照质粒 Pbs-S11，2—负对照非转基因 S11 烟草总 DNA BamHⅠ的酶切产物，

3～6—4 株转基因（S11）烟草总 DNA BamHⅠ的酶切产物，

证明这 4 株都是转入了基因（S11）的烟草

6. 注意事项

（1）准备一容器，内装部分 20×SSC，同时制备一个支持平台，平台上覆盖以三层滤纸做成的纸桥，纸桥的两端浸在 20×SSC 中，注意排除气泡；将胶放置在纸桥上，排除气泡，四周以保鲜膜环绕以防止 SSC 直接被纸巾吸收；剪下略大于

凝胶的尼龙膜和滤纸（2张）将其在蒸馏水中浸泡5～10min。

（2）将膜放在胶上，避免产生气泡，剪与胶一样大的滤纸三张，用10×SSC浸湿后放在膜上，同样避免产生气泡；在滤纸上放置5～7cm的吸水纸巾，纸巾上放置一玻璃板和重物，放置过夜；去除尼龙膜上面的全部物品，膜与胶一起移走，将膜一侧放置在一张干净的滤纸上，在烘箱中80℃烘干45min或在254nm紫外光下光照5min以固定DNA于膜上。

7. 思考题

（1）简述Southern印迹的主要原理和所包括的实验步骤。

（2）要获得好的Southern印迹结果，需要注意哪些事项？

（3）Southern印迹流程是否可应用于Northern印迹？如果不可以，需要做哪些修改才可应用于Northern印迹？

二、实验的准备工作

1. 试剂的配制及灭菌

2. 实验器皿的清、洗、包、灭

玻璃器皿、陶瓷器皿洗净后用锡箔纸包裹，置180℃烘烤8h；不耐高温的器皿（如塑料制品）应用0.1%DEPC浸泡过夜，120℃高压120min，再70～80℃烘烤干燥方可使用。

三、实验的时间安排

第一天：提取基因组DNA，酶切过夜。

第二天：转膜前处理，转膜。

第三天：DNA固定，杂交。

第四天：洗膜，放射自显影。

实验 24　Northern 杂交

一、实验部分

1. 实验目的

用于分析细胞总 RNA 或含 poly(A) 尾的 RNA 样品中特定 mRNA 分子大小和丰度的分子杂交技术，这就是与 Southern 相对应而定名的 Northern 杂交技术。这一技术自出现以来，已得到广泛应用，成为分析 mRNA 最为常用的经典方法。

2. 实验原理

与 Southern 杂交相似，Northern 杂交也采用琼脂糖凝胶电泳，将分子量大小不同的 RNA 分离开来，随后将其原位转移至固相支持物（如尼龙膜、硝酸纤维膜等）上，再用放射性（或非放射性）标记的 DNA 或 RNA 探针，依据其同源性进行杂交，最后进行放射自显影（或化学显影），以目标 RNA 所在位置表示其分子量的大小，而其显影强度则可提示目标 RNA 在所测样品中的相对含量（即目标 RNA 的丰度）。但与 Southern 杂交不同的是，总 RNA 不需要进行酶切，即以各个 RNA 分子的形式存在，可直接应用于电泳；此外，由于碱性溶液可使 RNA 水解，因此不进行碱变性，而是采用甲醛等进行变性电泳。虽然 Northern 也可检测目标 mRNA 分子的大小，但更多的是用于检测目的基因在组织细胞中有无表达及表达的水平如何。

3. 实验仪器、材料及试剂

（1）仪器与耗材

研钵，高速离心机，摇床，水浴锅，电泳仪，电泳槽，成像扫描，硝酸纤维素滤膜和两张 Whatman 滤纸，转移装置，紫外胶联仪，杂交瓶等。

（2）材料

植物叶片，细菌。

（3）试剂

① 0.5mol/L EDTA：EDTA 16.61g 加 ddH$_2$O 至 80mL，调 pH 值至 8.0，定容至 100mL。

② 50mmol/L 乙酸钠：乙酸钠 3.4g 加 ddH$_2$O 至 500mL，加 DEPC 0.5mL，振荡，37℃过夜，高压灭菌。

③ 5×甲醛凝胶电泳缓冲液：MOPS[3-(N-吗啉代)丙磺酸]10.3g 加 50mmol/L 乙酸钠 400mL，用 2mol/L NaOH 调 pH 值至 7.0，再加入 0.5mol/L EDTA 10mL，加 DEPC 处理水至 500mL。无菌抽滤，室温避光保存。

④ 20×SSC：NaCl 175.3g、柠檬酸三钠 88.2g，加 ddH$_2$O 至 800mL，用

2mol/L NaOH 调 pH 值至 7.0，再用 ddH$_2$O 定容至 1000mL。DEPC 处理、高压灭菌。

⑤ 6×SSC：20×SSC 300 mL 加 ddH$_2$O 至 1000mL。DEPC 处理，高压灭菌。

⑥ 50×Denhardt：聚蔗糖 0.5g、聚乙烯吡咯烷酮 0.5g、牛血清白蛋白（BSA）0.5g 加 ddH$_2$O 至 50mL，无菌抽滤、分装。

⑦ 1mol/L Na$_2$HPO$_4$：Na$_2$HPO$_4$·12H$_2$O 35.81g，加 ddH$_2$O 至 100mL。

⑧ 0.1mol/L 磷酸钠缓冲液（pH6.6）：Na$_2$HPO$_4$ 35.2mL 加 NaH$_2$PO$_4$ 64.8mL。

⑨ STE 缓冲液：1mol/L Tris-HCl（pH8.0）2.5mL，0.5mol/L EDTA，0.5mL，5mol/L NaCl 5mL，加 ddH$_2$O 至 250mL。

⑩ 预杂交液：20×SSC 5mL，甲酰胺 10mL，50×Denhardt 4mL，1mol/L 磷酸钠缓冲液 0.2mL（pH6.6），10%SDS 1mL，总体积 20mL。临用前加入变性鲑鱼精 DNA（10mg/mL），使终浓度为 4μL/mL。

4. 实验步骤

（1）总 RNA 提取（参见实验 18～20）。

① 变性胶的制备：取琼脂糖 0.2g，加入 DEPC 处理水 12.4mL，加热熔化，于保温状态下加入 5×甲醛凝胶电泳缓冲液 4.0mL、37%甲醛 3.6mL，混匀、制胶。待胶凝固后，置 1×甲醛凝胶电泳缓冲液中预电泳 5min。

② 样品制备：取总 RNA 4.5μL（约 20～30μg），加入 5×甲醛凝胶电泳缓冲液 4.0μL、37%甲醛 3.6μL、甲酰胺 10μL，65℃温育 15min、冰浴 5min。加入 EB（1μg/μL）1μL、上样缓冲液 2μL。

③ 电泳：上样，50V 电泳（电泳时间约 2h）。电泳结束后将胶块置紫外灯下，观察 RNA 的完整性，记录 18S RNA、28S RNA 条带的位置（距离加样孔的距离）。

（2）将 RNA 从变性胶转移到硝酸纤维素滤膜或尼龙膜。

① 按胶块大小剪取膜一张，在 DEPC 处理水中浸湿后，置于 20×SSC 中浸泡 1h。剪去膜一角。

② 将胶块切去一角，并在 20×SSC 浸泡 15min 两次。

③ 用长和宽均大于凝胶的一块有机玻璃板作为平台，将其放入大的干烤皿上，上面放一张 3mm 滤纸，倒入 20×SSC 使液面略低于平台表面，当平台上方的 3mm 滤纸湿透后，用玻棒赶出所有气泡。

④ 将凝胶翻转后置于平台上湿润的 3mm 滤纸中央，3mm 滤纸和凝胶之间不能滞留气泡。

⑤ 用 Parafilm 膜围绕凝胶四周，以此作为屏障，阻止液体自液池直接流至胶上方的纸巾。

⑥ 在凝胶上方放置预先已浸湿的尼龙膜，排除膜与凝胶之间的气泡。

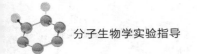

⑦ 将二张已湿润的、与凝胶大小相同的 3mm 滤纸置于膜的上方，排除滤纸与滤膜之间的气泡。

⑧ 将一叠（5～8cm 厚）略小于 3mm 滤纸的纸巾置于 3mm 滤纸的上方，并在纸巾上方放一块玻璃，然后用一个重约 500g 的重物压在玻璃板上。其目的是建立液体自液池经凝胶向膜上行流路，以洗脱凝胶中的 RNA 并使其聚集在膜上。

（3）使上述 RNA 转移持续进行 15h 左右。在转膜过程中，当纸巾浸湿后，应更换新的纸巾。转移结束后，揭去凝胶上方的纸巾和 3mm 滤纸。将膜在 6×SSC 中浸泡 5min，以去除膜上残留的凝胶。

（4）将凝胶置紫外灯下，观察胶块上有无残留的 RNA。

（5）膜置 80℃，真空干烤 1～2h。烤干后的膜用塑料袋密封，4℃保存备用。

（6）探针标记（Prime-a-Gene Labeling System，Promega 公司）。

① 取模板 DNA 25ng 于 0.5mL 离心管中，95～100℃变性 5min，冰浴 5min。

② dNTPmix 的制备：取 dGTP 1μL、dATP 1μL、dTTP 1μL 混匀。

③ 将下列反应成分混合，加入上述微量离心管中。

dNTPmix	2.0μL
BSA（10mg/mL）	2.0μL
5×Buffer	10.0μL
Klenow 酶（5u/μL）	1.0μL
α-^{32}P-dCTP	5.0μL

加入适量 ddH$_2$O 使反应总体积达 50μL，轻轻混匀。室温下反应 1h。

（7）预杂交：将膜的反面紧贴杂交瓶，加入预杂交液 5mL，42℃预杂交 3h。

（8）杂交：将变性的探针（95～100℃变性 5min，冰浴 5min）加入到预杂交液中 42℃杂交 16h。

（9）洗膜

① 倾去杂交液。

② 2×SSC/0.1％ SDS 室温洗 15min。

③ 0.2×SSC/0.1％ SDS，55℃洗 15min 两次。

（10）压片

将膜用 ddH$_2$O 漂洗片刻，用滤纸吸去膜上水分。用薄型塑料纸将膜包好，置于暗盒中，在暗室中压上 X 光片。暗盒置－70℃放射自显影 3～7d。

5. 实验结果

以兰花的总 RNA 提取为例，检测结果如图 1-12 所示。

6. 注意事项

（1）提取 RNA 时要防止降解，且上样量也要足够大，实验时最好是将样品研磨充分后将 TRIZAL 放入研钵中，待溶解后，在放入离心管中。

（2）提取风干后用去离子甲酰胺溶解，其溶解度很大，一般每微升可以溶解

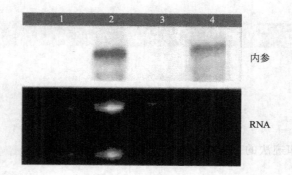

图 1-12 实验结果

1—非转基因兰花总 RNA；2，4—GUS 染色阳性的转基因兰花总 RNA；
3—GUS 染色阴性的转基因兰花总 RNA；下图为 RNA 电泳后的图片，
显示各样品中 RNA 含量

1μg，且还可以防止 RNA 降解。

7. 思考题

（1）标记方法有哪几种？

（2）怎样确定探针的浓度？

（3）核酸分子杂交的最适温度如何选择？

（4）在核酸杂交中，寡核苷酸探针的筛选原则有哪些？

二、实验的准备工作

1. 试剂的配制及灭菌

2. 实验器皿的清、洗、包、灭

玻璃器皿、陶瓷器皿洗净后用锡箔纸包裹，置 180℃烘烤 8h；不耐高温的器皿
（如塑料制品）应用 0.1％DEPC 浸泡过夜，120℃高压 120min，再 70～80℃烘烤
干燥方可使用。

三、实验的时间安排

第一天：提取基因组 RNA，过夜酶切。

第二天：转膜前处理，转膜。

第三天：DNA 固定，杂交。

第四天：洗膜，压片。

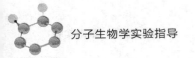 **实验 25　Western 吸印**

一、实验部分

1. 实验目的

了解蛋白质印迹法的基本原理及其操作。

2. 实验原理

Western 吸印，也称 Western blot、Western blotting、Western 印迹，与 Southern 印迹杂交或 Northern 印迹杂交方法类似。但不是真实意义的分子杂交，而是通过抗体以免疫反应形式检测滤膜上是否存在被抗体识别的蛋白质。被检测物是蛋白质，"探针"是抗体，"显色"是在抗体上标记的二抗。待测蛋白既可以是粗提物也可以经过一定的分离和纯化，另外这项技术的应用需要利用待测蛋白的单克隆或多克隆抗体进行识别。Western 吸印采用的是聚丙烯酰胺凝胶电泳分离蛋白质样品，转移到滤膜上时被其上作为抗原的蛋白质或肽以非共价键形式吸附（即免疫反应），再与酶或同位素标记的第二抗体起反应，经过底物显色或放射自显影检测蛋白成分。通过分析着色的位置和着色深度获得特定蛋白质在所分析的细胞或组织中的表达情况。

3. 实验仪器、材料及试剂

（1）仪器与耗材

水浴锅、玻璃匀浆器、高速离心机、分光光度仪、−20℃低温冰箱、垂直板电泳转移装置、恒温水浴摇床、多用脱色摇床、烧杯、量筒和平皿等玻璃器材、硝酸纤维素滤膜（PVDF）、乳胶手套、保鲜膜、搪瓷盘（>20cm×20cm）、X 光片夹、X 光片、玻璃棒、吸水纸、滤膜。

（2）试剂

Trizma base、甘氨酸、甲醇、Tris、氯化钠、浓盐酸、Tween20、一抗：兔抗待测蛋白抗体（多克隆抗体）、二抗：辣根过氧化物酶标记羊抗兔、牛血清白蛋白、氯萘溶液、双氧水、氨基黑 18B、异丙醇、乙酸、异丙醇、乙酸。

4. 实验步骤

（1）SDS-PAGE 电泳。

（2）转膜电泳结束前 20min 开始准备，而垫片和滤纸至少 1h 前浸泡于含 SDS 的转移缓冲液中。

① 剪适当大小的 PVDF 膜。

② 甲醇 10mL 浸泡膜 5min，然后按 1∶4 体积比向浸泡膜的容器中加水 40mL 至甲醇终浓度为 20%（慢加快摇）计时 2min。

③ 将膜转入无 SDS 转移缓冲液中（至少浸泡 15min），慢摇。

④ 同时将电泳好的胶转移至无 SDS 的转移缓冲液中，慢摇 10min。

⑤ 将夹子打开使黑的一面保持水平，按湿转芯-黑面-垫片-滤纸-胶-膜-滤纸-垫片-白面的顺序放好，并且每层都要用玻璃棒赶走气泡，装槽时要黑对黑，白对白，加入含 SDS 转移缓冲液。

⑥ 湿转：一般用 100V 左右电压转膜 1~1.5h。电转移时会产热，在槽的一边放一块冰来降温。

（3）封闭

转膜结束后，膜与胶接触的面为正面朝上，TTBS 缓冲液中浸泡片刻或者直接转移至封闭液中（5%脱脂牛奶），封闭 1~2h。

（4）一抗孵育

封闭结束后，将膜在 TTBS 缓冲液中洗 2 次，每次 2min，将膜转移至一抗孵育盒（5%牛奶＋一抗）中，4℃过夜孵育或者室温孵育 3h。

（5）膜在 TTBS 缓冲液洗 3 次，每次 5min。

（6）二抗孵育

将膜转移至二抗孵育盒中（5%牛奶＋二抗），1~2h。

（7）TTBS 洗膜三次，每次 5min。

（8）ECL Plus 检测液检测（Western 吸印超敏发光液 A 和 B 按 1：1 比例混匀）。

注意：Western 吸印超敏发光液 4℃避光保存。使用前需恢复至室温，所以要提前从冰箱中取出。

① 滤纸条吸干膜上多余的 TTBS 缓冲液，正面朝上放在保鲜膜上。

② 将检测液均匀铺在膜上（以靶蛋白带为主），室温 3~5min。

③ 用滤纸吸去膜上多余的发光液，正面朝上用保鲜膜包好，刮平表面，确保表面干燥。

（9）暗室 X 光片曝光

① 将膜蛋白面朝下与发光液充分接触；1min 后，将膜移至另一保鲜膜上，去尽残液，包好，放入 X 光片夹中。

② 显影：在暗室中，将 1× 显影液和定影液分别到入塑料盘中；红灯下取出 X 光片（比膜的长和宽均需大 1cm）；把 X 光片放在膜上，不能移动，根据信号的强弱调整曝光时间，一般为 1min 或 5min，也可选择不同时间多次压片，以达最佳效果；曝光完成后，X 光片迅速浸入显影液中显影，待出现明显条带后，即刻终止显影。一般为 1~2min（20~25℃），温度过低时（低于 16℃）需适当延长显影时间。

③ 定影：马上把 X 光片浸入定影液中，定影时间一般为 5~10min，以 X 光片透明为止；用自来水冲去。残留的定影液室温下晾干。

（10）凝胶图像分析：将 X 光片进行扫描或拍照，用凝胶图像处理系统分析目标带的分子量和净光密度值。

5. 实验结果

检查膜上显色结果如图 1-13 所示，条带所对应的即是目标蛋白的位置。

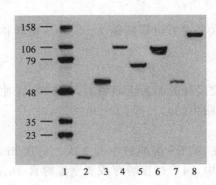

图 1-13　Western 吸印显色结果

1—蛋白 Marker（kDa）；2~8—杂交结果

6. 注意事项

（1）切滤纸和膜时一定要戴手套，因为手上的蛋白会污染膜。

（2）整个操作在转移液中进行，要不断地擀去气泡。膜两边的滤纸不能相互接触，接触后会发生短路烧坏转膜装置（转移液含甲醇，操作时要戴手套，实验室要开门以使空气流通）。

（3）显影和定影需移动 X 光片时，尽量拿 X 光片一角，手指甲不要划伤 X 光片，否则会对结果产生影响。

7. 思考题

（1）蛋白质印迹法的特点是什么？

（2）请解释什么是 BSA？并说明它在本实验中的作用。

（3）请说明二抗在蛋白质印迹法中的生物学功能。

（4）如何保存抗体？

二、实验准备工作

1. 试剂的配制及灭菌

（1）10×转移缓冲溶液（1L）：30.3g Trizma base（0.25mol/L），144g 甘氨酸（1.92mol/L），加蒸馏水至1L，此时 pH 值约为 8.3。

（2）1×转移缓冲溶液（2L）：在 1.4L 蒸馏水中加入 400mL 甲醇及 200mL 10×转移缓冲溶液。

（3）TBS 缓冲溶液：将 1.22g Tris（10mmol/L）和 8.78g NaCl（150mM）加

入到 1L 蒸馏水中，用 HCl 调节 pH 值至 7.5。

（4）TTBS Buffer：在 1L TBS 缓冲溶液中加入 0.5mL Tween20（0.05％）。

（5）一抗：兔抗待测蛋白抗体（多克隆抗体）。

（6）二抗：辣根过氧化物酶标记羊抗兔。

（7）3％封阻缓冲溶液（0.5L）：牛血清白蛋白 15mg 加入 TBS 缓冲溶液并定容至 0.5L，过滤，在 4℃保存以防止细菌污染。

（8）0.5％封阻缓冲溶液（0.5L）：牛血清白蛋白 2.5mg 加入 TTBS 缓冲溶液并定容至 0.5L，过滤，在 4℃保存以防止细菌污染。

（9）显影试剂：1mL 氯萘溶液（30mg/mL 甲醇配置），加入 10mL 甲醇，加入 TBS 缓冲溶液至 50mL，加入 30μL 30％ H_2O_2。

（10）染色液：1g 氨基黑 18B（0.1％），250mL 异丙醇（25％）及 100mL 乙酸（10％）用蒸馏水定容至 1L。

（11）脱色液：将 350mL 异丙醇（35％）和 20mL 乙酸（2％）用蒸馏水定容至 1L。

2. 实验器皿的清、洗、包、灭

实验中用到的各种规格枪头灭菌，玻璃器皿的清洗。

三、实验的时间安排

第一天：转膜，封闭，一抗孵育过夜。

第二天：二抗孵育，暗室 X 光片曝光。

第二部分
综合性、设计性实验

实验 1　克隆并鉴定一个真核单拷贝基因

由学生自行设计完成。

实验2 溶藻弧菌外膜蛋白基因 *OmpU* 的克隆 与原核表达

溶藻弧菌（*Vibrio alginolyticus*）为革兰氏阴性嗜盐菌，广泛存在于海水中，寄主范围广，可引起人类伤口感染、食物中毒、中耳炎、胃肠炎，同时可引起海洋动物如海水鱼、虾、贝、蟹伤口感染、胃肠炎和败血症等，严重影响我国水产养殖业的发展。因此，在水产养殖病害监控及水产品的加工销售过程中，溶藻弧菌一直是检验检疫的重点。

外膜蛋白（outer membrane protein，Omp）是弧菌特有结构外膜的重要组成成分。在感染和诱导宿主免疫反应的过程中起重要作用，在禽大肠杆菌（*Escherichia coli*）、嗜水气单胞菌（*Aeromonas hydrophila*）、杀鲑气单胞菌（*A. salmonicida*）、鳗弧菌（*V. anguillarum*）、副溶血弧菌（*V. parahaemolyticus*）等病原菌中均有报道。外膜蛋白 OmpU 是一种宽宿主的噬菌体受体，广泛存在于海水鱼致病性弧菌中，位于弧菌细胞壁外膜的外层，是弧菌细胞表面一种组成性蛋白，具有同外界广泛接触的机会，它们之间有较高的相似性，是弧菌的主要表面抗原之一。

本实验将溶藻弧菌的外膜蛋白基因 *OmpU* 克隆到原核表达载体 pET-30a 上构建重组质粒 pET-30a-*OmpU*，然后转化至大肠杆菌 BL21（DE3）菌株中诱导表达并检测蛋白。通过这次综合实验熟悉并掌握分子生物学综合实验技术。

一、菌种的活化

1. 实验目的

掌握大肠杆菌和溶藻弧菌的活化方法。

2. 实验原理

一般的菌种都取自甘油管或安瓿管，这些菌种在保存较长时间后其活力很低，一般要将其活化后用于以后的其他实验。

3. 实验仪器、材料及试剂

（1）材料：大肠杆菌 BL21（DE3），溶藻弧菌。

（2）仪器：恒温摇床、恒温培养箱、无菌工作台、移液枪及枪头，高压灭菌锅、三角瓶（250mL、500mL）若干等。

（3）培养基的配置

① LB 培养基（1L）

蛋白胨（tryptone）	10g
酵母提取物（yeast extract）	5g
NaCl	10g

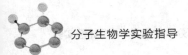

琼脂粉（固体）	12g
加水至总体积	1L
pH	7.2～7.4

② 2216E 培养基配方（1L）

蛋白胨	5.0g
酵母浸粉	1.0g
柠檬酸铁	1.0g
氯化钠	19.45g
氯化镁	5.98g
硫酸钠	3.24g
氯化钙	1.8g
氯化钾	0.55g
碳酸钠	0.16g
溴化钾	0.08g
氯化锶	0.034g
硼酸	0.022g
硅酸钠	0.004g
氯化氟	0.0024g
硝酸钠	0.0016g
磷酸二氢钠	0.008g
琼脂	15.0g
pH	7.6±0.2

③ TCBS 培养基（1L）

酵母粉	5.0g
蛋白胨	10.0g
硫代硫酸钠	10.0g
枸橼酸钠	10.0g
牛胆粉	5.0g
牛胆酸钠	3.0g
蔗糖	20.0g
氯化钠	10.0g
柠檬酸铁	1.0g
溴麝香草酚蓝	0.04g
麝香草酚蓝	0.04g
琼脂	15.0g
pH	8.6±1

注：所有培养基成分均要准确称量，并进行 121℃高压灭菌后方可使用。加琼脂的固体培养基最好先煮沸溶化琼脂后再灭菌。

4. 实验步骤

（1）大肠杆菌 BL21

① 活化：取 BL21 菌株甘油管一只，融化，在无菌工作台中用移液枪吸取少量菌液打入到已灭菌的 LB 液体培养基里。37℃恒温摇床上培养，具体时间视情况而定。（活化时间可能会稍长，可能会过夜）OD 值到达 0.4～0.7 后进行下面的操作。

② 培养单菌落：取已经活化好的菌液，无菌工作台中倒平板，用接种环划线培养。37℃恒温培养箱培养，直到长出单菌落。

③ 接种单菌落：无菌工作台中，用接种环接种单菌落于 LB 液体培养基中，培养至 OD 值到达 0.4～0.7 为好（具体培养时间视情况而定）。

（2）溶藻弧菌

方法类上，取超低温冻存的弧菌甘油管一支，在 TCBS 平板上划线接种复苏，28～30℃培养 18h，选取单菌落，挑斑转接于 Zobell 2216E 液体培养基中，28～30℃振荡培养 12h 以上。重复操作，培养至 F3 代后进行下面的实验。

二、弧菌总基因组 DNA 的提取

1. 实验仪器及试剂

（1）仪器：紫外可见分光光度计，离心机，无菌工作台、移液枪及枪头，1.5mL Ep 管等。

（2）试剂：TZ 缓冲液配方（4% Triton X-100，5.0ng/mL NaN$_3$，溶于 25mmol/L pH8.0 的 Tris-HCl 中），配置 10mL 放在小三角瓶中封口于 $-4℃$保存以备用。

2. 实验步骤

（1）取培养至对数生长期（OD 值 0.3～0.6）的弧菌于 1.5mL Ep 离心管中。

（2）将 1.5mL 菌液的 Ep 管于离心机中，6000r/min 离心 5min，弃上清。

（3）用灭菌 ddH$_2$O 1mL 悬浮细菌，6000r/min 离心 5min，洗涤两次。

（4）加入 50μL ddH$_2$O 和 50μL TZ 缓冲液，$-20℃$放置 30～40min。

（5）沸水浴 10min；冰浴 5min；6000r/min 离心 5min，收集上清作为 PCR 模板，或者置 $-20℃$保存备用。

三、OmpU 基因的扩增、检测与纯化

1. 实验目的

① 掌握 PCR 基因扩增技术。

② 掌握 PCR 产物的检测方法。

③ 掌握 PCR 产物的纯化过程和方法。

2. 实验原理

① PCR 基因扩增技术：基因的 PCR 扩增技术原理类似于 DNA 的变性和复制过程，即将待扩增的 DNA 片段和与其两侧互补的两段寡聚核苷酸引物，经变性、退火和延伸若干个循环后，DNA 扩增倍数可达 2^n。

② 琼脂糖凝胶电泳：DNA 分子在琼脂糖凝胶中泳动时有电荷效应和分子筛效应。DNA 分子在高于等电点的 pH 值溶液中带负电荷，在电场中向正极移动。

3. 实验仪器、材料及试剂

(1) 仪器：PCR 仪，0.5mL PCR 管，琼脂糖凝胶电泳设备，DNA 胶回收试剂盒。

(2) 材料：上次实验提取弧菌总基因组 DNA。

(3) 试剂：弧菌总 DNA，10×PCR Buffer，四种 dNTP，Taq 酶，引物，ddH₂O，琼脂糖，1×TBE 缓冲液。

4. 操作步骤

(1) 目的基因扩增

① LPCR 管按下面的反应体系加入所需试剂。

弧菌总 DNA	$1.0\mu L$
10×PCR Buffer	$2.5\mu L$
10mM dNTP	$1.0\mu L$
Taq 酶	$0.3\mu L$
引物 FP1	$1.0\mu L$
引物 RP1	$1.0\mu L$
ddH₂O 加至	$18.2\mu L$

② 加入完后放入 PCR 仪中设置反应参数。

反应参数如下：

94℃　　　4min
94℃　　　45s
51℃　　　30s　⎫
72℃　　　60s　⎬30 个循环
72℃　　　8min　⎭

PCR 总用时 2h7min 45s。然后将产物全部放入 −4℃冰箱中保存。

③ 实验结束后进行琼脂糖凝胶电泳检测 PCR 产物。

(2) 产物的检测（琼脂糖凝胶电泳操作步骤）

① 泳盒的准备：用胶带将电泳板两端封口，保证两端不会漏胶。

② 琼脂糖凝胶制备：称取 0.8g 琼脂糖置于 250mL 锥形瓶中，加入 80mL 1×TBE 稀释缓冲液配成 1%琼脂糖，加热至琼脂糖溶化，摇匀，冷却至 50～

60℃后倒入约 30mL 的琼脂糖凝胶于准备好的电泳板中，每个板中插上梳子，放置约 1h。

③ 待琼脂糖凝胶充分凝固后小心拔出梳子，取 120mL 5×TBE 母液加入 480mL 双蒸水，配成 1×TBE 缓冲液（每个电泳槽中加入 300mL 1×TBE 液），将琼脂糖凝胶电泳板放入电泳槽中。

④点样，取 PCR 产物若干管编上号，每管中取 4μL DNA，和 2μL Loading Buffer 在塑料手套上混匀，依次加入点样孔中，并取 3μL DS-5000 Maker 和 2μL Loading Buffer 混匀后加入到最边上的一个点样孔作为比对。

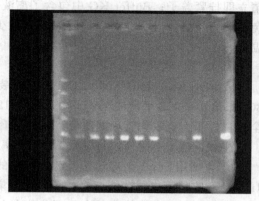

图 2-1　目的基因 PCR 后电泳结果

⑤ 在 100V 电压，55mA 电流下电泳，待条带快跑到下一组对照孔时停止电泳。

⑥ 取出胶在通风橱下将两块胶用自来水浸泡在盘子中，在胶上滴加 EB 染色液，随后慢慢摇晃盘子使染色液散开，染色 30min 后，检测条带拍照（图 2-1）。

（3）产物的纯化

① DNA 胶回收试剂盒（DNA Gel Extraction Kit）适用于从琼脂糖胶中回收 DNA 片段。

试剂盒组成	K2201-50（50 次）
Karroten™ Mini Column	50 个
2mL Collection Tube	50 个
Buffer KG（Gel dissolving solution）	50mL
Buffer KB（Column balance solution）	15mL
Buffer KW（Wash solution）	使用前加入 70%乙醇 50mL
Buffer KE（Elution solution）	5mL

② 产品特点

Karroten™ DNA Gel Extraction Kit 采用独特的疏水膜技术，可以高效专一地吸附 DNA 片段，同时彻底去除琼脂糖凝胶的盐类，琼脂等杂质。本试剂盒适用于回收 100bp～20kb 的 DNA 片段，回收效率高达 85%，每个吸附柱的 DNA 结合能力可达 15～20μg。回收到的 DNA 片段可以直接用于连接、PCR 反应，酶切以及测序等。

③ 注意事项

实验前准备工作：在实验开始前，详细阅读该手册熟悉各步骤，并准备好所有的试剂盒组分，50～55℃的温浴条件，1.5mL 离心管，5mol/L 乙酸钠 pH5.2（可选）；Buffer KW 第一次使用前请按瓶上标签加入 50mL 70％乙醇。每次使用后，请立即拧紧盖子；Buffer KG 中包含了离液剂，操作该溶液时请戴上手套防护，避免溶液直接接触皮肤；离心机的离心力至少为 10000r/min，且所有离心步骤在室温进行。

④ 操作步骤（节选）

a. 取一 Karroten™ Mini Column 柱装在一个 2mL 收集管上（已备）。加入 300μL Buffer KB 平衡液至柱子内，室温 12000r/min 以上离心 1min，使平衡液完全流过柱子。弃收集管中的滤液，将空柱套回收集管内。

注意：柱子不平衡，将导致 DNA 产率的减少。

b. 将所用 DNA 全部转移至已平衡过的吸附柱内。室温 12000r/min 以上离心 1min。弃收集管中的滤液，将柱子套回收集管中。

注意：如混合液体积过大，可分数次上柱，每次上样量不要超过 700μL。

c. 向柱子中加入 700μL Buffer KW。室温 12000r/min 离心 1min。

注意：Buffer KW 在使用之前必须加入用 70％乙醇，并置于室温下。

d. 弃收集管中的滤液，将空柱套回收集管内。（可选）重复用 70％乙醇洗涤柱子。室温 12000r/min 离心 1min。

e. 弃收集管中的滤液，将空柱套回收集管内。室温下，最高转速或 13000r/min 离心 2min，以甩干柱子基质残余的液体。

注意：此步骤不可省，否则将导致乙醇残留于 DNA 中，影响后续反应。

f. 把柱子装在一个新的 1.5mL 离心管上，加入 30～50μL KE 柱的膜上，室温放置 3～5min，13000r/min 离心 1min 以洗脱 DNA。

注意：KE 体积具体取决于预期的终产物浓度，其可用灭菌的 TE 10mmol/L Tris-HCl，pH8.0 或纯水代替，纯水需预先用 NaOH 调 pH 值至 8.0。第一次洗脱可以洗出 80％以上的结合 DNA。如果再洗脱一次，可以把残余的 DNA 洗脱出来（不推荐）。

g. DNA 应保存于 4℃，若长时间保存，可冻存于 −20℃。

四、载体质粒与 PCR 产物的双酶切

1. PET-30a 酶切

在 1.5mL 的离心管中依次加入下列物质。

10×Buffer k	2.0μL
Bam H I	1.5μL
Hind Ⅲ	1.5μL
pET-30a（＋）	15.0μL

先按 5 管的量加在一个管中混匀后分在 5 管中，每管总反应 20μL，放在 30℃

的水浴箱中保温 3～4h。

2. PCR 产物的酶切

拿出 1 管 PCR 纯化产物做酶切在 1.5mL 离心管中依次加入下列物质。

10×Buffer k	4.0μL
*Bam*H Ⅰ	2μL
Hind Ⅲ	2μL
OmpU	32.0μL

总反应 40μL 分成 4 管，放在 30℃ 的水浴箱中保温 3～4h。

3. 载体质粒、PCR 产物的双酶切及产物的纯化

当两种酶切时间到后马上进行产物的纯化，纯化方法和 PCR 产物纯化方法一样，在这里就不做介绍。

五、酶切产物的连接、转化及筛选

1. 连接

两种酶切产物经 DNA 胶回收试剂盒纯化回收后，按以下比例加入 1.5mL 的 Ep 管中。（实际操作中可在一个 1.5mL 离心管中加入 10 倍的量，混匀后放置在 16℃ 连接 30min）

T4DNA 连接酶	1.0μL
10×liase Buffer	1.0μL
PEG4000	0.5μL
pET-30a（＋）	3.5μL
OmpU	4.0μL

注：载体和目的片段的摩尔数之比约为 1∶3。

2. 转化及筛选阳性克隆

（1）配置 400mL LB 固体培养基经高压灭菌后在无菌操作台上冷却到 40～50℃ 之间（手腕处可以忍受）时加入 400μL 卡那霉素配制成含 50μg/mL 卡那霉素的培养基，摇匀后到平板上放置在无菌操作台上备用。

（2）任取 8 支 −20℃ 保存的感受态 BL21 菌于无菌操作台上解冻，取 10μL 连接产物打入 200μL 感受态细胞菌液中，并用枪吸取液体吹打菌液数次，制作 8 管，分别标记。

（3）然后拿出操作台于冰浴中 30min，立即再放入 42℃ 水浴中 1～2min，随后冰浴 2min，最后在无菌操作台上向每管中加入 800μL LB 液体培养基后于 37℃ 培养 1h。

（4）培养结束后在无菌操作台上取菌液 200μL 打入先前制作好的含 50μg/mL 卡那霉素的平板上，用烧过的涂布棒（冷却后）将菌液均匀涂布在平板上，每管做两个，共做 16 个板，分别标上号。

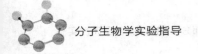

对照组

① 感受态细胞对照：另取一支－20℃保存的感受态 BL21 菌解冻后于冰浴中 30min，再放入 42℃水浴中 1～2min，冰浴 2min，随后在无菌操作台上向管中加入 800μL LB 液体培养基后于 37℃培养 1h，以后操作一致，涂布二个板。

② 连接产物对照：取 10μL 连接产物加入 800μL LB 液体培养基后于 37℃培养 1h，以后操作一致，涂布一个板。

③ 空平板对照：含卡那霉素没做处理的平板一个。

（5）将涂布好的所有平板和对照组一起，放在 37℃的恒温培养箱中倒置培养 16h 左右观察结果。

（6）当平板上长出正确的菌落（最先长出，且对照组没长菌）时分别挑取菌落于 100mL 的含 100μg/mL 卡那霉素的 LB 液体培养基中于 37℃摇菌培养。

六、重组蛋白的表达与检测

1. 实验仪器、材料及试剂

（1）材料

培养好的菌液。

（2）仪器

离心机，蒸气灭菌锅，超声波细胞破碎仪，SDS-PAGE 电泳设备，微量进样器，凝胶成像系统，分光光度计。

（3）试剂

① 5%浓缩胶配方

ddH$_2$O	6.8mL
0.5mol/L Tris-HCl	1.25mL
0.1g/mL SDS	100μL
Acr/BIS（30%）	1.7mL
TEMED	10μL
10%APS	100μL
总体积	10mL

② 10%分离胶配方

ddH$_2$O	7.9mL
0.5mol/L Tris-HCl	5mL
0.1g/mL SDS	200μL
Acr/BIS（30%）	6.7mL
TEMED	10μL
10%APS	200μL
总体积	20mL

③ PBS 缓冲液配方

NaCl	8g
KCl	0.2g
Na_2HPO_4	1.44g
KH_2PO_4	0.24g
pH 值	7.4
蒸馏水定容	1L

在 121℃高压下蒸气灭菌（至少 20min），保存于室温或 4℃冰箱中。

④ IPTG 诱导物，卡那霉素，牛血清蛋白样品液，卵清蛋白样品液等。

2. 操作步骤

将含有载体质粒的表达菌液以 1∶100 的比例接种于新鲜的 LB 培养基（含 100μg/mL 卡那霉素）中，37℃继续振荡培养至 OD_{600} 值达到 0.4～1.0，加 IPTG 使培养基中 IPTG 浓度达到 100μg/mL 诱导表达 4h，然后进行下面的操作。

（1）样品的准备

① 按配方配制 1L 的 PBS 缓冲液，在 121℃高压下蒸气灭菌（至少 20min），保存存于室温或 4℃冰箱中。

② 将经过 IPTG 处理的重组菌液全部倒入 8 个大离心管中 6000r/min 离心 15min，取两管上清备用，其余上清全部倒掉。尽量将上清液到干净，可倒扣在吸水纸上吸干残余上清液。

③ 取 PBS 缓冲液 20mL 悬浮每管中的沉淀后将菌体倒入 100mL 烧杯中，在用 20mLPBS 缓冲液清洗离心管后将液体一并转入烧杯中摇匀。

④ 将烧杯中的液体用超声波细胞破碎仪打碎，条件：4s，间隙 4s，破碎，全程 40min。

⑤ 将破碎后的液体 12000r/min 离心 15min，取 1.5mL 离心后的上清液两管备用，将剩下的上清液全部倒掉，尽量将上清液到干净，可倒扣在吸水纸上吸干残余上清液。取 500μL PBS 缓冲液悬浮沉淀。

⑥ 分别取 500μL 破碎离心后的上清液，诱导培养过重组菌的培养基上清液，用 500μL PBS 缓冲液悬浮的破碎后的沉淀液体，牛血清蛋白样品液，卵清蛋白样品液，加入 1.5mL 离心管中，在向每管中加入 500μL 的 5×上样缓冲液混匀后放入沸水浴中煮沸 10min，作为上样液。

（2）SDS-PAGE 电泳

① SDS-PAGE 电泳板的处理：用自来水清洗后，再用双蒸水淋洗，然后用无水乙醇浸润的棉球擦拭，用吹风机吹干后将玻璃板和橡胶套封装好，用融化的琼脂封上边（一定要保证不漏胶）。

② 按配方配置 10%分离胶 20mL（最后加入 TEMED），充分混匀凝胶组分，立即灌胶：将胶液缓慢倒入固定在垂直电泳槽中的两电泳板之间的狭槽中（注意不要产生气泡）。立即在分离胶上面轻轻覆盖一层约 1cm 的 ddH_2O；室温静置

30min，使胶完全聚合，除去上层水相，然后用滤纸吸干水分。

③ 按配方配制 5％浓缩胶 10mL（最后加入 TEMED），充分混匀凝胶组分，立即灌胶：将胶液缓慢倒入分离胶上的狭槽中（不要产生气泡），插入样品梳；室温静置聚合，待聚合完全后拔去梳子。

④ 配制 1×电泳液：取 120mL 5×Tris-甘氨酸电泳液和 480mL 单蒸水混合成 1×Tris-甘氨酸电泳液共 600mL。

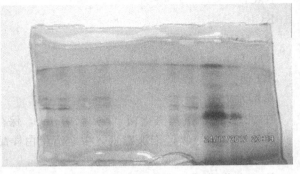

图 2-2　蛋白质 SDS-PAGE 电泳检测结果

⑤ 电泳：将胶封装在电泳槽中，在电泳槽中加满缓冲液。用微量玻璃注射器上样。样品依次为牛血清蛋白样品液，卵清蛋白样品液，培养基上清液，破碎离心后的上清液，破碎后的沉淀液体，各两个孔，每孔上样 50μL。先用 120V 的电压，稳压，待溴酚蓝条带跑到浓缩胶和分离胶分界线时加电压到 180V，稳压，至溴酚蓝迁移至胶下缘约 1～2cm 时结束电泳。

⑥ 染色：电泳完毕，小心取出凝胶，置于有盖的大盘中，倒入染色液至浸没凝胶，染色过夜。

⑦ 脱色：倒去染色液，用少量水淋洗凝胶，倒入脱色液至浸没凝胶，于水平摇床上 37℃脱色至蓝色背景消失（中途若脱色液变蓝则换新的脱色液继续脱色）。

⑧ 观察拍照（图 2-2），分析。

第三部分
研究性实验及实验技术的应用

实验 1　DNA 导入细胞技术

一、实验目的

将基因导入细胞，让基因在细胞中瞬时表达或者稳定表达，可以在 mRNA 或者蛋白质水平验证基因。

二、实验原理

将外源基因导入真核细胞的方法主要有两类：一为质粒转化（transformation 或 transfection），即利用物理或化学的方法将外源基因导入真核细胞；二为病毒感染（viral infection），即利用病毒作为基因载体，以病毒颗粒的形式感染真核细胞后将外源基因导入。

1. 物理方法

（1）电穿孔法

将外源 DNA 与宿主细胞混合于电穿孔杯中，在高频电流作用下，细胞膜出现许多小孔，外源基因得以进入细胞，这种细胞转染方法称为电穿孔（electroporation）。

（2）显微注射技术

通过毛细玻璃管在显微镜下直接将外源基因注射到细胞核内，这种基因转化或转染方法称为显微注射法（microinjection），常用于制备转基因动物。

2. 化学方法

（1）磷酸钙共沉淀法

外源 DNA 溶解在 Na_2HPO_4 中，再逐渐加入 $CaCl_2$ 溶液，当 Na_2HPO_4 和 $CaCl_2$ 生成 $Ca_3(PO_4)_2$ 沉淀时，DNA 被包裹在沉淀中，形成 DNA-$Ca_3(PO_4)_2$ 微小颗粒，将其加入到宿主细胞培养基中，颗粒沉积到细胞表面，部分宿主细胞可摄取

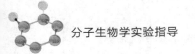

这些颗粒将其中的 DNA 导入到细胞中，此种转染方法称为磷酸钙共沉淀法（calcium phophate co-precipitation）。

（2）DEAE-葡聚糖转染法

外源 DNA 与 DEAE-葡聚糖混合，DEAE-葡聚糖带有大量正电荷的化学基团，可与 DNA 中带负电荷的磷酸基团结合并黏附于细胞表面，借助细胞内吞过程促进外源 DNA 进入细胞，称为 DEAE-葡聚糖（DEAE-dextran）法。

（3）脂质体介导法

阳离子脂质体（liposome）与外源 DNA 混合后，形成稳定的脂质双层复合物，DNA 包裹在脂质体中间。这种脂质体可直接加到培养的细胞中，脂质体黏附到细胞表面并与细胞膜融合，DNA 释放到胞质中，达到导入外源基因的目的。

（4）乙酸锂转化法

在高浓度乙酸锂（1.0mol/L）条件下，细胞膜通透性增加，使外源 DNA 得以进入，这一方法称为乙酸锂转化法（lithium acetate transformation method），常用于酵母菌外源基因的导入。

3. 病毒感染法

首先构建携带外源基因的重组病毒载体（反转录病毒、腺病毒、腺相关病毒、牛痘病毒、EB 病毒等），然后通过病毒对敏感细胞的感染达到基因转移的目的。

三、磷酸钙转化法

1. 实验仪器、材料及试剂

呈指数生长的真核细胞（如 HeLa、BALB/c3T3、NIH3T3、CHO 或鼠胚胎成纤维细胞）。

完全培养液（依所用的细胞系而定）。

氯化铯纯化的质粒 DNA（$10 \sim 50\mu g$/次转染，二次纯化）。

$2.5 mol/L$ $CaCl_2$。

$2 \times$ HEPES 缓冲盐水（HeBS）。

磷酸缓冲盐水（PBS）。

$37^{\circ}C$，$5\%CO_2$ 的加湿培养箱。

10cm 组织培养平板。

15mL 锥形管。

2. 实验步骤

（1）在转化前一天将细胞分入 10cm 组织培养平板中。当被转化的细胞是贴壁细胞，倍增时间为 $18 \sim 24h$ 时，一般按 1:15 从长满的培养皿中分细胞效果较好。转化的当天，细胞应在培养皿中很好地分散分布。在加入沉淀前 $2 \sim 4h$，用 9mL 完全培养液培养细胞。

（2）将要转化的 DNA 用乙醇沉淀（10～50pg/10cm 平板），空气中晾干。将 DNA 沉淀重悬于 450μL 无菌水中，加 50μL 2.5mol/L CaCl$_2$。

（3）加 500μL 2×HeBS 于一无菌的 15mL 锥形管中，将机械式移液器安上 1mL 吸头，一边吹打 2×HeBS，一边用巴斯德吸管逐滴加入 DNA/CaCl$_2$ 溶液，随即在涡旋混合器上振荡 5s。将其在室温下静置 20min 以形成沉淀。

（4）将沉淀均匀加入 10cm 平板的细胞中，轻轻晃动。

（5）在标准生长条件下培养细胞 4～16h。除去培养液，用 5mL 1×PBS 洗细胞 2 次，加 10mL 完全培养液培养细胞。

（6）对于瞬时分析实验，可在既定的时刻收集细胞。对于稳定转染，让细胞生长两个倍增时间后分入培养皿中进行选择培养。

四、DEAE-葡聚糖的转化

1. 实验仪器、材料及试剂

用来转染的细胞。

合适的含或不含 10%FBS 的培养液（如完全的 DMEM。）

100mmol/L（1000×）氯喹二磷酸盐，用 PBS 配制，滤过除菌（4℃保存）。

质粒 DNA，用 CsCl 密度梯度离心或亲合色谱法制备。

TE 缓冲液。

10mg/mL DEAE-葡聚糖贮存液。

10% 二甲基亚砜（DMSO），用 PBS 配制，滤过除菌（室温下可保存 1 个月）。

磷酸缓冲盐水（PBS）。

合适型号的组织培养容器。

倒置显微镜。

表 3-1　常用组织培养容器的表面积及相应合适的 DEAE-葡聚糖转化培养液的体积

容器	表面积/cm²	适合的 DEAE-葡聚糖培养液的体积/mL
T175 培养瓶	175	
T150 培养瓶	150	
T75 培养瓶	75	
T25 培养瓶	25	
150mm 培养皿	148	10
100mm 培养皿	55	4
60mm 培养皿	21	2
35mm 培养皿	8	
6 孔板（35mm 的孔）	9.4	1
12 孔板（22mm 的孔）	3.8	0.5
24 孔板（15.5mm 的孔）	1.9	0.25

注：这些体积与容器表面积是粗略的线性关系。转染时要保证细胞完全被培养液所覆盖，小孔处需按比例加大体积，因为孔的四周由于表面张力作用，培养液会形成环形空白。

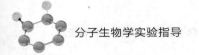

2. 实验步骤

(1) 接种细胞使其在转化时达到 50%～75% 汇片。对于 COS 细胞或 CV1 细胞，在转化前两天按 1：10 分细胞。表 3-1 列出了各种细胞培养容器的表面积，可用来确定将细胞分到理想的密度。

(2) 根据用于转化的细胞容器的数量和表 3-1 列出的每种容器的体积，确定转化时要用的培养液的总体积。通过混合 1 份含 10% FBS 和 3 份无血清的培养液配制该体积数（应稍有富余）含 2.5%FBS 的培养液。

(3) 向步骤 2 制备的含 2.5% FBS 的转化培养液中加入 100mmol/L（1000×）的氯喹二磷酸盐贮存液到终浓度为 100μmol/L。将转化培养液加热到 37℃。

氯喹对所有细胞均有毒性，因而作用时间要限制在 4h 以内。如果需更长的转化时间，就在转化的最后几小时加入氯喹。

(4) 根据要转染的量，用 TE 缓冲液或蒸馏水将质粒 DNA 稀释到 1.0～0.1μg/μL。将 DNA 溶液直接加到预热了的转化培养液至终浓度为 1.0μg/mL。

DNA 溶液的体积应小于转化培养液总体积的 1%，这样培养液中组分的浓度就不会有显著改变。

(5) 将 10mg/mL 的 DEAE-葡聚糖贮存液预热到 37℃ 并颠倒混匀，加到补充有 DNA 的转化培养液使 DEAE-葡聚糖的终浓度为 100μg/mL，颠倒混匀。

溶液加到转化培养液中的顺序很关键。将质粒 DNA 加到已补有 DEAE-葡聚糖的培养液时会形成沉淀，看上去像绳状白色液滴。可以通过实验确定最适合转化的 DEAE-葡聚糖浓度。

(6) 将 50%～70% 汇片的细胞培养物中的培养液吸出（见步骤 1），换上适当体积 37℃ 的补充有 DEAE-葡聚糖/DNA 的转化培养液，温育 4h。

转化时将培养容器置于培养箱中的平台摇床上可提高转化效率，因为这可保证培养液中的 DEAE-葡聚糖/DNA 对细胞的作用均匀，并防止细胞在容器的中央沉集。最合适的转化时间可通过实验确定。

(7) 在倒置显微镜下观察细胞，细胞内会出颗粒，有的细胞核出现固缩，有的细胞边缘可能会部分破碎。有效的 DEAE-葡聚糖转化通常伴有 25%～75% 的细胞死亡。

(8) 将 10% DMSO/PBS 预热到 37℃。吸出转化培养液，记录体积，换上 2～3 倍体积 37℃ DMA0/PBS。2min＜室温温育＜10min。吸出 DMAO/PBS，用与其相同体积的 PBS 清洗细胞层。吸出 PBS，换上标准体积的含 10% FBS 的完全培养液。

培养液的调换及细胞的清洗必须小心操作，因为细胞的贴壁性下降了。必要时 PBS 清洗这一步可以省略；加入完全培养液后几小时，再换一次液，这时经 DMSO 休克的细胞已经恢复，贴壁更牢固。

(9) 继续温育细胞，在适合进行生物分析或预想的实验目的时进行分析。最好用带一容易分析报道基因的同一载体做一平行转化，用以评估表达的瞬时性质。

五、电穿孔转化法

1. 实验仪器、材料及试剂

待转化的哺乳动物细胞，不含及含有选择剂的完全培养液，电穿孔缓冲液（冰冷），线状或超螺旋的纯化的 DNA 制品，Backman JS-4，2 转子或相当转子，电穿孔用的电击池（Bio-Rad）及电源。

2. 实验步骤

（1）在完全培养液中培养待转化细胞至对数生长晚期，4℃，640r/min 离心 5min 收集细胞。贴壁细胞要先用胰酶消化及用血清灭活胰酶。

（2）将细胞沉淀用其半量体积的预冷电穿孔缓冲液重悬洗涤，4℃，640r/min 离心 5min。

（3）对于稳定转化，将细胞以 $1×10^7$/mL 的密度重悬于 0℃的电穿孔缓冲液中。对于瞬时表达，可用更高密度的细胞（高达 $8×10^7$/mL）。

（4）在冰上放置所需数量的电穿孔用的电击池，每池中移入 0.5mL 细胞悬液。

（5）将 DNA 加入冰上各电击池的细胞悬液中。握住电击池两侧的"窗口"，晃动其底部以混匀 DNA/细胞悬液，在冰上放置 5min。

对于稳定转化，取 $1～10\mu g$ DNA，用限制酶切割成线状，切点在非必需区，用酚抽提纯化及乙醇沉淀。对于瞬时表达，DNA（$10～40\mu g$）可保持超螺旋状态。这两种情况中，DNA 都应经过 2 次制备性氯化铯/溴化乙锭平衡梯度离心纯化，随后酚抽提及乙醇沉淀。DNA 溶液可用乙醚抽提 1 次以灭菌；移去（上层）乙醚相，晾干几分钟以蒸发残余的乙醚。

（6）将电击池放入电穿孔装置的架上（室温），用所设定的电压及电容值电击一次或多次。电击的次数及电压和电容设定值随细胞类型而异，并应进行条件优化。

（7）将电击池置于冰上 10min。

（8）用非选择性完全培养液 20 倍稀释被转化的细胞，并用该液洗电击池以移出所有的被转化细胞。

（9）对于稳定转化，在非选择培养液中培养细胞 48h（大约 2 代），然后转入含有抗生素的培养液中。

选择条件随细胞类型而异。例如，neo 选择常用含约 $400\mu g$/mL G418 的培养液。XGPRT 选择需用含 $1\mu g$/mL 霉酚酸，$250\mu g$/mL 黄嘌呤，$15\mu g$/mL 次黄嘌呤的培养液。

（10）对于瞬时表达，培养细胞 50～60h 后，收集细胞进行短暂表达分析。

六、植物原生质体细胞的电穿孔转化

1. 实验仪器、材料及试剂

5mm 条状（干重 1g）无菌植物材料，原生质体溶液，植物电穿孔缓冲液，

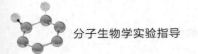

80/μm 尼龙筛网及灭菌的 15mL 锥形离心管。

2. 实验步骤

（1）将小心切成 5mm 的条状无菌植物材料置于 8mL 原生质体溶液中温育，置于 30℃ 旋转摇床上 3～6h，从中获取原生质体细胞。

（2）经 80μm 的尼龙网滤过除去沉渣，用 4mL 电穿孔缓冲液淋洗筛网。将原生质体细胞并入一个无菌的 15mL 锥形离心管中。

（3）300r/min 离心 5min，弃去上清。加 5mL 植物电穿孔缓冲液，重复洗涤步骤。按 $1.5\times10^6\sim2\times10^6$ 细胞/mL 的密度将原生质体细胞重悬于植物电穿孔缓冲液中。

（4）同哺乳动物细胞一样［见上文电穿孔转化法，实验步骤（4）～（8）］进行电穿孔转化。开始时可用 1～2kV 电压及 3～25μF 电容进行 1 次或几次电冲击，然后可在此基础上继续优化该体系。

如果电穿孔缓冲液中的磷酸盐减至终浓度 10mmol/L，也可用 200～300V 电压及 500～1000μF 电容。

（5）培养 48h 后收集细胞，提取 RNA，进行瞬时基因表达分析，或选择稳定转化的细胞。

七、脂质体介导的转化

1. 实验仪器、材料及试剂

指数期生长的哺乳动物细胞；质粒 DNA（小量制备或氯化铯纯化）；完全 Dulbeccos（极限基本培养液）；不含血清（DMEM 或合适的其他培养液）；含 10% 及 20% 胎牛血清的 DMEM 完全培养液（DMEM-10 及 DMEM-20，或合适的其他完全培养液）脂质体悬液；35mm 六孔组织培养皿；聚苯乙烯管（Falcon 或 Corning）。脂质体介导的转染中 DNA 与脂质体的用量见表 3-2。

表 3-2 脂质体介导的转染中 DNA 与脂质体的用量

细胞类型	质粒 DNA/μg	脂质体悬液/μL
BHK-21	0.5	5
COS-7	0.5	5
CV-1	1.0	10
HeLa	2.0	10

注：转染各类细胞所需的 DNA 与脂质体悬液的推荐用量，细胞在 35mm 六孔板中用总体积为 1～1.5mL 的 DMEM-SF 培养。

2. 实验步骤

（1）按 5×10^5 个细胞/孔的量在六孔板中接种指数期生长的细胞，在 37℃ 5% CO_2 培养箱中培养过夜，直至细胞 80% 汇片。如果用 100mm 培养皿代替六孔板，则培养细胞至 80% 汇片，将所有数量扩大 8 倍。

（2）在聚苯乙烯管中配制 DNA/脂质体复合物如下：稀释质粒 DNA 至 1mL

DMEM-SF 中，在涡旋混合器上振荡 1s，然后加入脂质体悬液，再次悬起混匀。在室温下温育 5～10min，使 DNA 与阳离子脂质体结合。

（3）吸去 DMEM-10 培养液，用 1mL 完全 DMEM-SF 洗 1 次。吸去 DMEM-SF，每个 35mm 孔中，直接在细胞上加 1mL DNA/脂质体复合物。37℃ CO_2 培养箱中温育 3～5h。

（4）往每孔细胞中加 1mL DMEM-20 完全培养液。在 37℃ CO_2 培养箱中继续温育 16～24h。

（5）吸去完全 DMEM/DNA/脂质体复合物，每孔加入 2mL 新的 DMEM-10 完全培养液，继续温育 24～48h。

（6）收集细胞：用细胞刮子刮下细胞，或胰酶消化或冻融裂解细胞，进行适当的表达分析。

八、用脂质体进行稳定转化

实验步骤

（1）接种细胞［见上文电穿孔转化法，步骤(1)］；长至 50% 汇片。

（2）制备 DNA/脂质体混合物，转化细胞［见上文电穿孔转化法，步骤(2)和(3)］。

（3）每孔细胞加入 1mL DMEM-20 完全培养液，37℃ CO_2 培养箱培养 48h。

（4）吸去 DMEM，稀释细胞分传于选择培养液中。将细胞培养适当时间以选择真正被转化的细胞克隆。

九、酵母细胞外源 DNA 乙酸锂导入法(酿酒酵母)

实验步骤

（1）接种酵母细胞于 2～5mL YPD 或 SD 液体培养基中，30℃ 摇床培养过夜。

（2）接种于 50mL YPD 培养基，细胞密度为 5×10^6 个/mL。30℃、200r/min 摇床培养至细胞密度为 2×10^7 个/mL，转入 50mL 灭菌离心管，3000r/min 离心 5min。

（3）弃上清，用 25mL 灭菌水重悬细胞并再次离心，弃上清，用 1mL 100mmol/L 乙酸锂重悬细胞并将悬浮液转入 1.5mL 微量离心管。

（4）高速度离心 15s 沉淀细胞，用移液枪吸去上清。加入适量 100mmol/L 乙酸锂重悬细胞，使其终体积为 500μL（细胞密度 2×10^9 个/mL，一般加入约 400μL 100mmol/L 乙酸锂）。

（5）取待转化质粒溶液，煮沸 5min 后立即置于冰上。

（6）取 50μL 细胞悬浮液至微量离心管，离心 15s，沉淀细胞并除去乙酸锂。

（7）按如下顺序小心加入各种试剂，得到转化混合物。

PEG（0.5g/mL）   240μL

1.0mol/L 乙酸锂	36μL
SS-DNA（2.0mg/mL）	50μL
质粒 DNA（0.1～10μg）	0.1～10μg
灭菌双蒸水	34μL

（8）剧烈涡旋混合约 1min 至沉淀细胞完全混合，30℃水浴 30min，42℃水浴热休克 30s。

（9）6000r/min 离心 15s，小心吸去上清液，用 1mL 灭菌水轻轻吹打以重悬细胞。

（10）吸取 2～200μL 转化混合物铺于 SD 琼脂培养皿，30℃培养 2～4d。

实验 2 DNA 的体外转录

一、实验目的

制备病毒 RNA 片段，证明病毒的侵染性；获得干扰用 siRNA；获得核酶（ribozyme）；获得 RNA 探针。

二、实验原理

基本的工作原理是以 DNA 为模板，在转录体系中的一系列转录因子的作用下，经 RAN 聚合酶合成 RNA。基因体外转录体系在 1976 年由 Pelham 和 Jackson 建立。体外转录体系已经成熟，由很多试剂盒可以选用。tRNA^{IIe}合成基因体外转录示意图如图 3-1 所示。

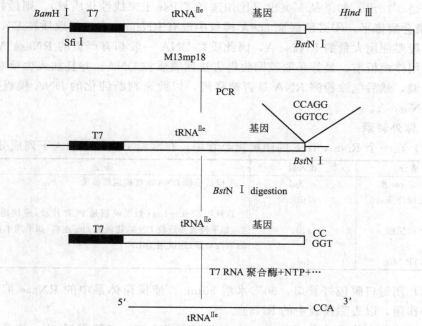

图 3-1 tRNA^{IIe}合成基因体外转录示意图

三、实验仪器、材料与主要试剂（按照试剂盒操作）

成分	规格
转录缓冲液（10×）	200μL

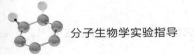

阳性对照 DNA（1 kb PCR 片段）	10μL（60ng/μL）
T7 RNA 聚合酶	40μL
RNase-free 水	1mL
rNTP Mix（25mmol/L each）	150μL
DEPC 管	10 个

四、实验步骤

1. 制备 DNA 模板

PCR 片段和质粒 DNA 都可以用作体外转录的模板，但是必须注意以下几点。①必须使用线性化的 DNA。如果是质粒 DNA，则必须先用适当的限制性内切酶切成线状。②需要转录的 DNA 序列的上游必须有 T7 启动子。如果模板时 PCR 产物，则可以在设计引物时将 T7 启动子序列（5′TAA TAC GAC TCA CTA TAG GG 3′）加上。如果是将 DNA 片段克隆到载体上，则需要选择有 T7 启动子的载体，并且克隆位点必须位于 T7 启动子下游。③需要转录的 DNA 序列的下游端最好不要是 3′突出。如果是 3′突出（比如选择了 Pst Ⅰ来线性化质粒），则最好用 T4 DNA 聚合酶修平。④必须保证 DNA 模板中没有 RNase。由于提取质粒 DNA 的过程中一般要使用大量的 RNase A，因此质粒 DNA 一般都有严重的 RNase A 污染，所以在用作模板前，最好采取胶回收得方法回收质粒 DNA。并且加入少量总 RNA 一起保温，然后电泳检测 RNA 是否被降解，以此来判断纯化的 DNA 模板是否有残留 RNase A。

2. 体外转录

（1）在一个 RNase-free 的塑料离心管中，在室温下按次序加入下列成分。

成分	加入量	备注
RNase-free 水	≥13μL	先根据模板 DNA 浓度确定模板量
转录反应缓冲液,10×	2μL	
DNA 模板	xμL	总量在 50ng～1μg（如果模板是 PCR 片段,建议用 50ng 左右;如果模板是质粒 DNA,建议用 1μg 左右;如果用本产品提供的阳性对照,建议用 1μL）
dNTP Mix	4μL	

（2）用封口膜包好管口，60℃水浴 30min，使反应体系中的 RNase 抑制物充分发挥作用，以去除模板中的 RNase。

（3）待反应体系冷却后加入 1μL T7RNA 聚合酶，37℃保温 2h。注意：延长保温时间不能明显提高产量。

注：此为 20μL 反应体系的用量，对其他反应体系，各成分的用量可以按比例增减。

（4）70℃加热 10min 灭活 T7 RNA 聚合酶。

（5）取 1～3μL 电泳检测转录效果。

（6）得到的 RNA 可以放−80℃保存。

3. 去除 DNA 模板

（1）在体外转录体系中加入 $1\mu L$ 自备的 RNase-free DNase（$3\sim5U/\mu L$）。

（2）37℃保温 $15\sim30min$。

（3）补水到 $100\mu L$。

（4）用等体积的 Tris 饱和酚-氯仿抽提一次。

（5）加 0.1 倍体积的 $3mol/L$ CH_3COONa 和 2 倍体积的乙醇，混匀后最高转速离心 $15\sim30min$，弃上清后加入 $1mL$ 70％的乙醇，振荡后最高转速离心 $2min$，弃上清，晾干，所得沉淀即体外转录所得的 RNA。

五、实验结果

DNA 模板浓度与 $tRNA^{IIe}$ 产量关系如图 3-2 所示。

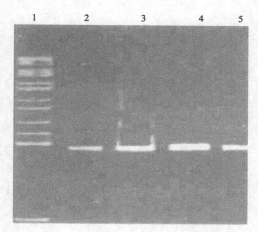

图 3-2　DNA 模板浓度与 $tRNA^{IIe}$ 产量关系示意图

六、注意事项

（1）没有 RNA 产物。最常见原因是模板有 RNase 污染，可用纯化的 RNA 跟模板 DNA 一起保温，再检测 RNA 是否降解。还可以增加 RNase 抑制剂用量，本试剂盒缓冲液和酶混合液中有 RNase 抑制剂，如果模板 RNase 污染严重，可能需要用户补加 RNase 抑制剂。

（2）RNA 产量低。最常见的原因是 DNA 模板。在转录序列的第一个和第二个碱基最好都是 G，在前 14 个碱基内避免有 U 存在。

（3）RNA 长度比预期的短。可能是模板序列中有 T7 RNA 聚合酶的终止序列。

（4）RNA 长度比预计的长。T7 RNA 聚合酶跟 Taq DNA 聚合酶一样，有不依赖于模板的加尾功能，最多有一半的 RNA 可以带一个或两个碱基的尾巴。如果 RNA 长度比预计的长很多，使用的模板又是质粒 DNA，则可能是质粒 DNA 线性化不彻底。

（5）产物是 5'-单磷酸还是三磷酸。如果使用 GTP，则得到的 RNA 是三磷酸，体外转录时如果保温时间太长（如 12h），则有 50％的三磷酸会变成单磷酸。如果在转录体系中加入 GMP，则 T7 RNA 聚合酶将优先使用 GMP，所得 RNA 产物中 5'-端是单磷酸的比例将大大增加。

七、思考题

（1）体外转录常用的 RNA 聚合酶？
（2）体外转录模板 DNA 来源以及要求？

102

实验3　DNA 的体外翻译

一、实验目的

基因产物的检测；蛋白质体外预合成；高通量筛选病毒抑制物、生产药物；分子结构和定位分析；分子诊断；功能基因组学研究。

二、实验原理

体外翻译系统又称无细胞蛋白质合成系统，是一种相对胞内表达系统而言的开放表达体系。翻译系统内的组分和翻译条件可以根据需要进行适当的改变，因而体外翻译系统中翻译特定的基因与胞内表达系统相比具有许多优点，如内源性 mRNA 干扰很小（由于体外翻译系统是用指定的模板进行目的蛋白质合成，因而可以大大降低或消除在体内翻译系统中由于内源 mRNA 所造成的背景）；可以同时加入多种基因模板研究多种蛋白质的相互作用；体外翻译系统可以对基因产物进行特异性标记，便于在反应混合物中检测。此外，体外翻译系统是一种蛋白质快速鉴定系统，蛋白质表达可以不需要先进行克隆。目前，体外翻译系统有兔网织红细胞系统、麦胚提取物系统、*E. coli* S30 系统 3 种。体外翻译体系已经成熟，由很多试剂盒可以选用。

三、实验仪器、材料与主要试剂（使用试剂盒中的试剂）

1. 兔网织红细胞系统

体外翻译系统中兔网织红细胞系统是真核体外翻译系统中应用最广泛的一种，常用于较大的 mRNA 种类鉴定，基因产物性质的分析、转录和翻译调控的研究，以及供翻译加工的研究等。兔网织红细胞用新西兰大白兔制备，通过纯化除去兔网织红细胞以外的污染细胞。网织红细胞裂解后，提取物用微球菌核酸酶破坏内源 mRNA，最大限度降低翻译背景。裂解物包含蛋白质合成所必需的细胞内组分（tRNA，核糖体，氨基酸，起始、延伸、终止因子）。为了使系统更适于 mRNA 的翻译，兔网织红细胞中还添加了磷酸肌酸和磷酸肌酸激酶的能量生成系统，以及氯化高铁血红素防止翻译起始的抑制，此外还添加了 tRNA 混合物用于扩大 mRNA 翻译的范围，以及乙酸钾和乙酸镁等。兔网织红细胞具有一定的翻译后加工活性，包括翻译产物的乙酰化，异戊二烯化，蛋白酶水解和一些磷酸化活性。信号肽切除以及蛋白质糖基化等翻译后加工事件可以通过加入犬微粒体膜来实现。

2. 麦胚提取物系统

麦胚提取物的制备通过碾磨麦胚，离心去除细胞残渣，上清液通过色谱分离技术将抑制翻译的内源氨基酸和植物色素等分离出去。提取物用微球菌核酸酶处理以破坏内源 mRNA，最大限度降低翻译背景。提取物中添加磷酸肌酸和磷酸肌酸激酶的能量生成系统和增加链延伸效率的亚精胺，以及一定量的乙酸镁。麦胚提取物系统可稳定地表达一些在兔网织红细胞系统中翻译受到抑制的 DNA，比如那些含有低浓度的双链 mRNA 的模板。此外，麦胚提取物系统缺乏许多在兔网织红细胞中翻译需要的转录因子，因此对于表达真核转录因子是一个很好的选择系统。

3. 原核体外翻译系统

S30 原核体外翻译系统的 E. coli S30 提取物是由 Omp T 内切蛋白酶和 Lon 蛋白酶缺陷的 E. coli B 菌株制备，所以在 S30 系统中表达基因可以增加产物的稳定性，尤其适用于在体外表达时易被蛋白酶降解的蛋白质。S30 体外翻译系统也适合表达那些在体内表达时由于宿主编码的抑制酶作用而表达水平低的蛋白质，使其能高水平表达。S30 系统还可用于转录和翻译调控的研究。此外，S30 体外翻译系统的应用还包括合成少量标记蛋白质用于蛋白纯化中作为示踪物质以及在蛋白质中掺入非天然的氨基酸用于研究蛋白质的结构功能。

四、实验步骤

大肠杆菌无细胞蛋白质合成试剂盒 Rapid Translation System RTS 100 E. coli HY Kit 50μL 反应体系包括：

大肠杆菌抽提物	12μL
反应混合物	10μL
氨基酸	12μL
蛋氨酸	1μL
补充缓冲液	5μL

10μL 含有 0.5μg 环状 DNA 模板或者 0.1~0.5μg 线状 DNA 模板。

注意：混合时一定要小心，轻轻旋转混匀，一定不要震颤。反应温度：30℃；避光反应时间：6h；转速：240r/min。

五、实验结果（略）

六、注意事项

（1）用原核和真核细胞的 mRNA 转录本有明显的区别。通常真核 mRNA 带有转录后加工的 5′-7 甲基帽子结构和 3′-poly（A）尾巴，有助于增加 mRNA 的稳定性，防止降解。同时 5′-帽子结构有助于核糖体与 mRNA 的结合和 AUG 起始密码子的正确识别。对应不同的体外表达系统，我们在设计 RNA 模板的时候就要区别对待。

（2）原核生物中，核糖体受一段富含嘌呤的 SD 序列引导从而识别 AUG 起始密码。这段位于 AUG 上游的序列和 30S 核糖体亚基的 16 SrRNA 一段序列互补，保守区 5′UAAGGAGGUGA3′，核糖体结合位点 RBS 和起始密码子 AUG 之间的距离以及碱基的组成对翻译效率有显著影响，在设计的时候要注意。

（3）真核细胞的那段保守序列称为 Kozak 序列（5′GCCACCUGG3′），要高效翻译，+1G 和-3A 就很重要。不过如果 mRNA 没有这段 Kozak 序列而有一段适当长度 5′UTR 也能够有效地在无细胞体系中得到翻译。

七、思考题

（1）体外翻译常用的翻译系统有哪些？
（2）体外翻译对 mRNA 的要求？

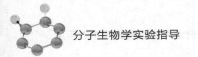实验 4　DNA 的定点突变

一、实验目的

通过本实验学习和了解寡核苷酸介导的 DNA 定点突变的基本原理和实验技术。

二、实验原理

选择 Promega 公司的突变系统，利用 pALTER-1 噬菌体的特点，突变位点设计在寡核苷酸引物上，该引物与氨苄修复引物一起和含目的基因的 pALTER 单链模板 DNA 杂交，在聚合酶、连接酶作用下得到一个异源双链分子。利用突变链上含有能抗 Amp 的基因，而野生型链上为 Amp 敏感型的特点，从而将突变链从野生链中分离出来。

三、实验仪器、材料与试剂

1. 仪器

恒温振荡培养箱、冷冻高速离心机、隔水式恒温培养箱、超净工作台、恒温水浴。

2. 材料

（1）突变试剂盒

氨苄修复寡核苷酸，退火缓冲液（10×），合成缓冲液（10×），pALTER-1，BMH71-18 mut S 菌株，诱变寡核苷酸，帮助噬菌体 R408。

（2）其他：JM109、T4 DNA 连接酶及其缓冲液（10×）、T4 多聚核苷酸激酶、T4 DNA 聚合酶、乙酸钾、乙酸铵、氢氧化钠（NaOH）、十二烷基硫酸钠（SDS）、三羟甲基氨基甲烷（Tris）、乙二胺四乙酸（EDTA）、RNase A、氨苄青霉素（Amp）、氯化钙（CaCl$_2$）、盐酸、冰乙酸、无水乙醇、异丙醇、饱和酚、氯仿、异戊醇、小指管、吸头、培养皿、试管等、无菌滤器等。

3. 试剂

LB 培养液

LB 平板（含 Amp 125μg/mL）

50mmol/L CaCl$_2$ 溶液

TE 缓冲液

饱和酚：氯仿：异戊醇＝25：24：1（体积比）

氯仿：异戊醇＝24：1（体积比）

重悬液（pH7.5）：50mmol/L Tris-HCl、10mmol/L EDTA、100mg/L RNase A

噬菌体沉淀溶液：3.5mol/L 乙酸钠和 20%PEG

溶菌液：0.2mmol/L NaOH 和 1%SDS

中和液：1.32mol/L 乙酸钾（pH4.8）

50mg/mL Amp －20℃保存

7.5mol/L 乙酸铵

10mol/L 乙酸铵

70%乙醇

四、实验步骤

1. 单链 DNA 制备

（1）挑一个含目的基因的 pALTER 质粒的单克隆细菌，接入含 12.5μg/mL 四环素的 2mLTYP 溶液中，37℃培养 12h。

（2）加入 70mL TYP 继续培养 50min，细菌生长至 OD_{660}＝0.1～0.3。

（3）加入帮助噬菌体 R408 560μL 感染细菌，37℃培养 12h。

（4）取 36mL 培养液，12000r/min 离心 20min，吸取上清。

（5）上清再在 12000r/min，离心 20min，取上清。

（6）上清里加 1/4 体积的噬菌体沉淀溶液，混匀，冰浴下放置 30min。

（7）12000r/min 离心 20min，除去上清，留沉淀。

（8）用 4mL TE 缓冲液（pH8.0）重悬沉淀。

（9）加等体积氯仿/异戊醇裂解噬菌体，振荡 1min，以尽可能高的速度离心 5min，除去过量未裂解噬菌体。

（10）将上清转入无菌小指管中，加等体积 TE 饱和酚/氯仿/异戊醇，混匀，振荡 1min，离心。

（11）取上层液体重复步骤（9）、（10）至界面无白色沉淀。

（12）上层液体加入 1/2 体积 7.5 mol/L 乙酸铵，2 倍体积无水乙醇，混匀，－20℃放置 30min 以上。

（13）高速离心 10min，轻弃上清，沉淀用 70%乙醇洗一下，干燥。

（14）将沉淀重悬于 20μL 无菌水中。

2. 突变链 DNA 构建

寡核苷酸引物 5′-磷酸化。取一无菌小指管，加入以下物质：

10μmol/L 引物	10μL
10×T4 DNA 连接酶的缓冲液	2.5μL
T4 多聚核苷酸激酶	0.5μL
无菌水	12μL

混匀 37℃保温 30min，再 70℃保温 10min。

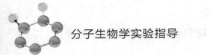

3. 退火反应和突变链 DNA 构建

（1）取一无菌小指管，加入以下物质。

0.05pmol 单链模板 DNA	1μL
0.5pmol 5′-磷酸化氨苄修复引物	1μL
4pmol 5′-磷酸化诱变寡苷酸引物	1μL
10×退火缓冲液	2μL
无菌水	15μL

混匀，72℃放置 5min。

（2）缓慢将温度从 72℃降到 45℃，此过程需时间 45min，再将温度从 45℃降到 25℃（室温），此过程需时间 20min。

（3）将退火后反应液放置水浴，并加入以下物质。

10×合成缓冲液	3μL
T4 DNA 连接酶	1μL
T4 DNA 聚合酶	5μL

混匀，37℃保温 100min，再放入冰浴。

4. 转化 BMH71-18 mut S 菌株

（1）预先一天制好 BMH71-18 mut S 感受态细胞。

（2）将 3 步中整个突变合成反应液（约 30μL）加入到 100μL BMH71-18 感受态细胞中，混匀，放置 30min。

（3）42℃水浴 90s（此过程一要时间准，二要温度准，三不能摇动小指管）。

（4）迅速放入冰浴中，放置 2min。

（5）将菌液全部转入 4mL LB 培养液中，180r/min，37℃培养 1h。此过程是细菌恢复期，转速不能高，而且 LB 培养液中不含 Amp。

（6）补加 5.87mL LB 液，使其总体积达 10mL，并加入 Amp 贮液（使其终浓度达到 1μg/mL）放入振荡培养箱中，180r/min，37℃摇 16h。

5. 从已转化 BMH71-18 中提取质粒

（1）取无菌小指管装 1.5mL 摇好的菌液，于 8000r/min 离心 2min。

（2）真空吸去上清，加 200μL 重悬液，振荡混匀。

（3）加 200μL 溶菌液，倒置混匀至清亮。

（4）加 200μL 中和液，倒置混匀（应立即出现白色絮状沉淀）。

（5）13000r/min 离心 5min，小心吸取上清，注意避开上层脂质物质。

（6）重复第（5）步。

（7）上清加入 0.6 倍体积的异丙醇（4℃预冷），混匀，−20℃放置 30min。

（8）10000r/min，4℃离心 15min，轻弃上清，70％乙醇洗管壁，倒置干燥。

（9）50μL TE 缓冲液溶质粒。

6. 转化 JMl09

（1）预先制好 JMl09 感受态细胞。

（2）取 5μL 从前面提出的质粒加入 100μL JMl09 感受态细胞，小指管中混匀，冰浴放置 30min。

（3）42％水浴 90s，不要振荡试管，在放入水浴之前若发现细胞沉积，可以轻敲使其处于悬浮状态。

（4）迅速放入冰中，冰浴 1～2min。

（5）将 JMl09 转入含有 1mL LB 培养液的无菌试管中，37℃，180r/min 培养 1h。

（6）吸取 200μL 复苏菌液置 LB 平板（含 Amp 125μg/mL）中涂匀，37℃ 培养 12～16h，时间不要太长。

（7）至此，突变 DNA 的构建工作已完成，但仍需用 DNA 测序法确定 DNA 序列。

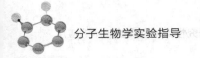

实验 5　DNA 的转录起始点确定

一、 实验目的

判定转录起始点。

二、实验原理

欲知某基因的转录起始点（transcription start site），可利用引物延伸（primer extension）的方法。通常将某基因测序后，可从其序列中推测出翻译的起始点（translation initiation codon），却无法得知转录起始点，必须进行引物延伸才能确定。进行引物延伸首先需合成一条引物，使其能与 mRNA 结合在所预测的翻译起始点附近，然后以 mRNA 为模板进行 cDNA 的合成，所得 cDNA 的长度是由引物的 5′-端开始一直到转录起始点为止。因为引物与 mRNA 的结合处已知，所以由合成出的 cDNA 长度可推算出转录的起始位置。cDNA 长度的测定方法，是利用上述的引物，并以含所要研究基因的 DNA 当作模板进行测序反应，再将合成出的 cDNA 以及测序反应的产物一同进行电泳，如图 3-3 所示。因为 cDNA 与一个 17 个碱基长的测序产物出现在相同位置，故知转录起始点位于引物 5′-端与 mRNA 结合位置的上游第 17 个碱基处。测得基因的转录起始点后，即可得知启动子的大约位置，启动子大多位于转录起始点上游约 200bp 的范围内。

三、实验材料与试剂

普通小麦中国春种子于室温下萌发后播种于人工生长室。7d 后选择大小相似的幼苗接种秆锈菌种，在黑暗条件下保湿过夜，于接种后 6d 取叶片于液氮中，然后贮于−80℃备用。

RNA 酶抑制剂和 M-MLV 反向转录酶购自 Promega 公司。[γ-32P] dATP 及 35S 购自 Amersham 公司。DNA 序列测定试剂盒购自 USB 公司。寡核苷酸引物由 Eurogentec 公司合成。

四、实验步骤

（1）30ng 合成的寡核苷酸引物用 $3\mu L$ $10\mu Ci/\mu L$[γ-32P] ATP（3000Ci/mmol）进行末端标记，以 Nick 柱（Sephadex G25，GIBCOBRL 公司）除去未标记的同位素。

（2）取 $50\mu g$ 从小麦叶片中抽提的总 RNA 与 $1\mu L$（5×10^4 cpm）标记的引物混合，加入 1/10 体积的 3mol/L 乙酸钠（pH5.2）及 2.5 倍体积的乙醇，置−20℃

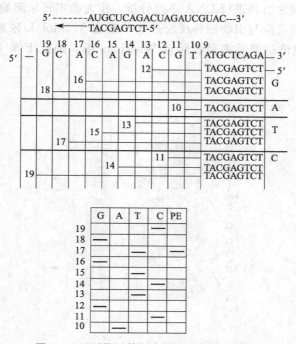

图 3-3　以引物延伸判定基因的转录起始点

30min，离心（15000r，4℃，10min）沉淀核酸，70%乙醇洗涤，空气干燥后的核酸沉淀悬浮于 30μl 甲酰胺杂交液中（40mmol/L PIPES，pH6.4，1mmol/L EDTA，pH8.0，0.4mol/L NaCl，80%甲酰胺），用微量进样器上下吸取至少 50 次，并用 Vortex 激烈振荡，以确保核酸溶解在杂交液中。

（3）然后分两个不同处理。一个在杂交反应之前于 85℃加热 10min，另一个不加热。所有杂交反应均于 30℃保温过夜。将 170μL 0.3mol/L 乙酸钠（pH5.2）和 500μL 乙醇与杂交反应液混合，于−20℃ 30min，如上述离心，核酸沉淀经含 75%乙醇和 25% 0.1mol/L 乙酸钠溶液洗涤，室温干燥后溶解在 25μL 延伸反应液中（560μmol/L 每一种 dNTP，10mmol/L DTT，50mmol/L Tris-HCl，pH8.3，75mmol/L KCl，3mmol/L MgCl$_2$）50U 人胎盘 RNA 酶抑制剂，200UM-MLV 反向转录酶，延伸反应于 42℃ 90min。

（4）再加 1μL 0.5mol/L EDTA，pH8.0，1μg 牛胰脏 RNA 酶 A，37℃保温 30min。加入 100μL 2.5mol/L 乙酸钠后，以苯酚/氯仿/异戊醇及氯仿/异戊醇各抽提一次。

（5）上清液与 300μL 乙醇混合，以上述方法沉淀引物延伸产物，经 500μL 70%乙醇洗涤并空气干燥后，溶解在 3μL TE 中。电泳前加 4μL DNA 序列测定终止液，在 80℃加热 3min，转入冰浴中。同时，选择各基因相应的亚克隆，用引物延伸反应中使用的寡核苷酸为引物进行 DNA 序列分析，作为确定转录起始点的分子标记。

（6）序列测定反应与引物延伸反应产物一起在含 7mol/L 尿素的 7％聚丙烯酰胺凝胶中电泳，电泳结束后将凝胶转至 Whatman 纸，抽空干燥 40min，－80℃放射自显影。

五、实验结果

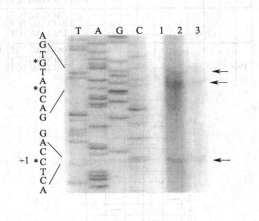

实验 6 具启动子活性的 DNA 序列确定

一、实验目的

分析启动子的转录活性。

二、实验原理

启动子的转录活性指的是基因转录起始的能力，受到启动子自身结构、转录调节顺式元件的存在、转录因子及其他调节蛋白的存在等诸多因素影响。体内启动子的转录活性，包含在各种环境信号作用下的转录活性改变，主要是通过对转录产物 RNA 进行定量分析来体现，目前最常用的是实时定量 PCR 技术。体内环境复杂，对特定启动子的转录起始活性（尤其是相关顺式作用元件的影响）的研究比较困难，故目前主要采用体外分析系统来实现对特定基因的转录调节的研究。体外研究时，需要将特定基因克隆，然后在宿主细胞中研究各种因素对其转录的影响。此时，启动子转录活性的体现仍然需要检测转录产物。大部分基因表达产物的分析检测手段复杂，转录调节研究比较困难，报告基因技术解决了这一难题，大大推动了转录调节研究。

报告基因技术将一些表达产物极易直观检测的结构基因［如荧光素酶、绿色荧光蛋白（GFP）、半乳糖苷酶（lacZ）］的基因编码序列连接在需要研究的任何特定启动子（如 TNF-α 基因启动子）的下游，替代原有的结构基因。将这一融合基因放回细胞内，通过荧光检测或其他呈色定量检测表达产物，就可以直观地"报告" TNF-α 基因启动子等特定启动子在细胞内的转录活性及各种信号的影响。荧光素酶、绿色荧光蛋白、半乳糖苷酶等用于该项技术的基因被称为报告基因（reporter gene）。报告基因技术具有敏感性高、操作简便等优点，适用于大规模检测。随着报告基因种类和检测方法的不断改进，尤其是新的自动化荧光测量仪的出现，报告基因技术将在检测活体组织和细胞基因表达方面得到越来越广泛的应用。此外，在研究疾病发生的分子机制、基因治疗和新药物筛选方面，报告基因技术也将发挥出重要作用。

报告基因技术可以用于多种转录调节研究，可以分析启动子的基本活性；可以在所研究的启动子上游或下游插入各种顺式调节元件，观察它们对启动子活性的影响；可以在细胞内各种信号（如蛋白激酶、转录因子的活化等）对所研究的启动子的转录活性的影响。

用于转录活性研究的报告基因需要具有以下几个条件：①已被克隆，全序列清楚；②在宿主细胞中不存在，即无背景，在被转染的细胞中没有相似的内源性表达

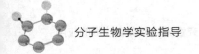

产物；③其表达产物较易进行定量测定。

1. 荧光素酶

是能够催化不同底物氧化发光的一类酶，哺乳细胞无内源性荧光素酶。最常用的荧光素酶有细菌荧光素酶、萤火虫荧光素酶和海肾荧光素酶（renilla reniformis luciferase）。细菌荧光素酶对热敏感，因此在哺乳细胞的应用中受到限制。萤火虫荧光素酶灵敏度高，检测线性范围宽达 7～8 个数量级，是最常用于哺乳细胞的报道基因，用荧光比色计即可检测酶活性，因而适用于高通量筛选。随着具有膜通透性和光裂解作用的萤火虫荧光素酶的应用，无需裂解细胞即可检测酶活性。海肾荧光素酶可催化海肾腔肠荧光素（coelenterazine）氧化，产物可透过生物膜，可能是最适用于活细胞的报告分子。将荧光素酶报告基因载体转染到细胞中，可用荧光素酶检测系统灵敏方便地测定荧光素酶基因的表达。自 1986 年起，萤火虫荧光素酶基因被用作测定基因表达的报告基因，获得了广泛的应用。

荧光素酶报告基因有许多优点：①非放射性；②比 CAT 及其他报告基因速度快；③比 CAT 灵敏 100 倍；④荧光素酶在哺乳细胞中的半衰期为 3h，在植物中的半衰期为 3.5h。由于半衰期短，故启动子的改变会即时导致荧光素酶活性的改变，而荧光素酶不会积累。相反，CAT 在哺乳细胞中的半衰期为 50h。荧光素酶浓度在 10～16mol/L 范围内，荧光信号强度与酶浓度程正比。

2. 氯霉素乙酰基转移酶

氯霉素乙酰基转移酶（chloramphenicol acetyltransferase，CAT）来源于大肠埃希菌转位子 9，是第一个用于检测细胞内转录活性的报告基因。CAT 可催化乙酰 CoA 的乙酰基转移到氯霉素的 3-羟基而使氯霉素解毒。CAT 在哺乳细胞无内源性表达，性质稳定，半衰期较短，适于瞬时表达研究。可用放射性核素、荧光素和 ELISA 测定等方法检测其活性，也可进行蛋白质印迹和免疫组织化学分析。CAT 与其他报告基因相比，线性范围较窄，灵敏性较低。

三、实验试剂

裂解液：1.25mL 1mol/L Tris-HCl（pH7.5），25μL 1mol/L DTT，250μL 10％Triton X-100，加水至 25mL，4℃保存。

ATP 溶液：1.25mL 1mol/L Tris-HCl（pH7.5），250μL 1mol/L MgCl$_2$，24mg ATP，加水至 10mL，−20℃保存。

荧光素溶液：10mg 荧光素（luciferin），36mL 5mmol/L KH$_2$PO$_4$（pH7.8），4℃保存。

磷酸缓冲盐水（PBS）。

TEN 溶液：（40mmol/L Tris-HCl，pH7.5，1mmol/L EDTA，pH8.0，150mmol/L NaCl）。

1mol/L 及冰冷的 0.25mol/L Tris-HCl，pH7.5。

$200\mu Ci/mL[^{14}C]$ 氯霉素（$35\sim55mCi/mmol$）。

4mmol/L 乙酰辅酶 A（保存于 $-20℃\leqslant2$ 周）。

乙酸乙酯。

19∶1（体积比）氯仿/甲醇。

橡胶细胞刮子或相当物。

薄层色谱（TLC）缸。

Whatman 3MM 滤纸。

薄层色谱（TCL）平板（背衬为塑料的，硅胶 1B）。

装有放射性墨水的笔。

四、实验步骤

1. 荧光素酶报告基因的检测实验

（1）消化并接种细胞（根据具体实验选择合适的细胞）于 35mm 细胞培养皿，置 5% CO_2、饱和湿度的 37℃培养箱内培养过夜。

（2）待细胞密度达到 $60\%\sim70\%$ 时，用荧光素酶报告基因质粒转染细胞。

（3）转染 $24\sim36h$ 后，吸去培养液，用冰冷的 PBS 洗涤细胞。荧光素酶的酶促反应会被痕量的钙所抑制，故用磷酸钙转染的细胞在收集细胞前应充分洗涤除去含钙介质。

（4）在每个培养皿中加入 $350\mu L$ 预冷的裂解液，于 4℃或冰上放置 10min 裂解细胞。

（5）在细胞裂解期间，准备足量的 1.5mL 微量离心管，将 ATP 缓冲液与荧光素缓冲液以 1∶3.6 的比例混合后分装，每管 $100\mu L$。

（6）依次取等体积的细胞裂解液（$100\mu L$）至步骤（5）中的离心管内，迅速混匀，在发光仪上读取吸光值。发光反应会迅速衰减，将细胞裂解液加入反应液后 5s 内必须读取吸光值。确保以相同操作手法读取全部样品吸光值后。

（7）取剩余裂解液测定 *LacZ* 的活性，其读数作为内标用以矫正荧光素酶的读数。用矫正后的读数作图，分析数据。

注：荧光素见光易氧化，已稀释未用的荧光素应丢弃。

（8）实验结果（图 3-4）。

2. CAT 活性的色谱分析法

（1）100mm 培养皿中的转染了 CAT 表达质粒的贴壁细胞，用 PBS 洗 2 次，每次 5mL。每培养皿加入 1mL TEN 溶液。将细胞置于冰浴 5min。如果转染的细胞是悬浮生长的，则用离心法洗涤细胞后按步骤（3）继续进行。

（2）用橡胶细胞刮子将细胞从培养皿上刮下来，将其转入一只 1.5mL 的微量离心管中，置于冰浴 5min。

（3）在 4℃以最大离心速度离心细胞 1min，细胞沉淀重悬于 $100\mu L$ 冰冷的

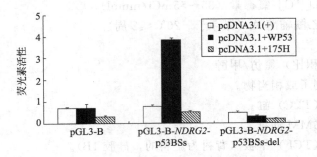

图 3-4　报告基因分析转录调控机制结果举例

pGL3-B-*NDRG2*-p53BSs：*NDRG2* 的启动子及 *p53* 结合位点克隆于 pGL3-B 载体；

pGL3-B-*NDRG2*-p53BSs-del：*NDRG2* 的启动子及 *p53* 结合位点突变序列克隆于 pGL3-B 载体。

为观察 *p53* 基因对 *NDRG2* 基因的调控作用，将 pcDNA3.1 质粒携带的野生型 *p53*（Wp53）或突变型 *p53*（175H）转染 HK293 细胞，48h 后检测荧光素酶活性。可见，只有野生型的 *p53* 可以激活 *NDRG2* 启动子；如果 *p53* 结合序列突变，则激活作用消失

0.25mol/L，pH7.5 的 Tris-HCl 缓冲液中。

（4）在干冰/乙醇中冻结细胞 5min，移至 37℃ 融化 5min。重复这种冻融过程 2 次以上。

（5）在冰上冷却细胞裂解液，然后，4℃ 以最大离心速度离心 5min。移出并保留上清（细胞提取物），置于 −20℃ 冻存。

（6）在下面混合液中分析 20μL 细胞提取液（每反应 130μL）。

200μCi/mL[14C] 氯霉素（35～55mCi/mmol）	2μL
4mmol/L 乙酰辅酶 A	20μL
1mol/L Tris-HCl，pH7.5	32.5μL
H₂O	75.5μL

分析不同量（直至 50μL）的提取物，调节反应液至 Tris-HCl 终浓度为 0.25mol/L，终体积为 150μL。

（7）对于每组分析，在微量离心管中加 130μL 上述混合液和 20μL 细胞提取液，轻轻混匀。37℃ 温育 1h。

（8）加 1mL 乙酸乙酯至反应液中，在涡旋混合器上混匀。离心 1min，移出上层液相（乙酸乙酯）。在 SpeedVac 蒸发器中蒸干乙酸乙酯 45min。

（9）薄层色谱缸的平衡：在缸中加入 190mL 氯仿，10mL 甲醇，及一张与 TCL 薄层平板大小大致相等的 3mm Whatman 滤纸，静置 2min。

（10）将每个样品重悬于 30μL 乙酸乙酯中。点样，在 TCL 薄板边缘约 2cm 处，每样 5μL。

（11）在盛有 200mL 19：1 氯仿/甲醇的平衡过的色谱缸中展开色谱，进行 2h 或至溶剂的前沿接近薄板的顶部为止。取下 TCL 薄板，在空气中晾干。用放射性

墨水笔作上标记后，用塑料薄膜包裹，置于感光片上进行放射自显影。最终的自显影图中，每样品将可能有多至 5 个曝光斑点，自下而上分别为，在原点位置的一个弱点、非乙酰化的氯霉素、两种形式的乙酰氯霉素以及二乙酰氯霉素。如果出现了二乙酰氯霉素，说明分析超出了线性范围（乙酰氯霉素的转化率不小于 20％～30％）。这种情况下，应将样品稀释或减少分析时间。

（12）切出各显影点相应的薄层块放入闪烁液中计数，先测定出各单乙酰氯霉素的计数值所占的百分数而计算提取物的活性。按下列公式计算 CAT 的活性。

乙酰化率（％）＝ 乙酰化物的计数量/（乙酰化物的计数量＋非乙酰化物的计数量）

（13）实验结果（图 3-5）。

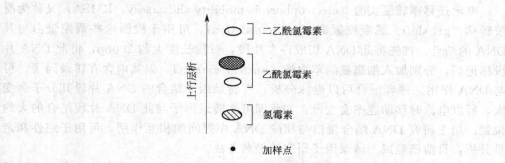

图 3-5 CAT 分析结果示意图

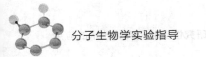

实验 7　启动子与调控蛋白结合实验

一、实验目的

研究 DNA 结合蛋白与相应 DNA 序列间的相互作用。

二、实验原理

电泳迁移率转变实验（electrophoresis mobility shift assay，EMSA）又称为凝胶转移（gel shift）或凝胶缓聚（gel retardation），可用于检测这些调控蛋白与某 DNA 的结合。首先将此 DNA 切成许多片段，每段长度大约 200bp，将此 DNA 片段标记后，分别加入细胞核的萃取液（nuclear extract），因其内含有转录因子，可与 DNA 作用。两者混合后以电泳分析，有转录因子结合的 DNA 片段其分子会变大，所以电泳时移动速率会变慢，如此即可知转录因子与此 DNA 片段结合的大约位置。用于研究 DNA 结合蛋白与相应 DNA 序列间的相互作用，可用于定性和定量分析，目前已经成为转录因子研究的经典方法。

由于蛋白质、核酸等在凝胶中电泳迁移率取决于其大小、形状和电荷，电泳迁移率的差异可显示出分子结构或结合组分的不同，因而可用于观察分子（如蛋白质、核酸）间的相互作用。例如，将特定的一段 DNA 分子（用放射性核素示踪）与细胞核提取物孵育后进行电泳，如果核提取物中存在能与这一段 DNA 序列特异结合的蛋白质因子，就会有大分子复合物的形成，电泳时 DNA 片段就会出现迁移率降低、区带滞后的现象。该方法可用于检测 DNA 结合蛋白、RNA 结合蛋白，可通过加入特异性的抗体来检测特定的蛋白质，并可进行未知蛋白的鉴定。

三、实验试剂

细胞膜裂解液：10mmol/L pH 7.9HEPES，10mmol/L KCl，0.1mmol/L DTT 和 0.5mmol/L PMSF。

细胞核裂解液：20mmol/L pH 7.9HEPES，400mmol/L NaCl，1mmol/L EDTA，1mmol/L DTT，1mmol/L PMSF。

EMSA 结合缓冲液：50mmol/L Tris，250mmol/L KCl，5mmol/L DTT，pH7.5。

四、实验步骤

（1）核蛋白提取物的制备（用于 DNA 结合分析的 EMSA 实验的蛋白样品可以是纯化蛋白、部分纯化蛋白或核细胞抽提液）

① 培养细胞至适当密度。用预冷的 PBS 洗涤细胞 2 次，吸干净余液。加适合

体积的 PBS，将细胞刮下。

② 4℃离心，500r/min，5～8min。小心吸掉上清。

③ 加 400μL 细胞膜裂解液，涡旋混匀 15s，立即置于冰上 15min。

④ 加 25μL 10% NP-40，涡旋混匀 15s，立即置于冰上 1min。

⑤ 涡旋混匀 5s，4℃离心，12000r/min，30min。

⑥ 收集上清（胞质蛋白），置于－80℃。

⑦ 于沉淀中加入 100μL 细胞核裂解液，冰浴放置 30min，间以涡旋振荡。

⑧ 4℃离心，12000r/min，10～15min。

⑨ 收集上清（核蛋白）至新的离心管，－80℃保存。

（2）DNA 探针的制备

DNA 探针目前主要依据候选的结合序列人工设计并合成的 DNA 片段。为在电泳后能够辨认，DNA 片段可以用放射性核素^{32}P 标记或用生物素进行标记，前者虽然操作较复杂，但敏感度高。用于标记人工合成的 DNA 片段的主要方法是用 T4 多核苷酸激酶进行的末端标记法。无论是何种标记方法，目前都有商品试剂盒可用。

① 待标记探针（1.75pmol/μL）	2μL
10×T4 多核苷酸激酶	1μL
H_2O	5μL
[γ-^{32}P] ATP (111TBq/mmol，370MBq/mL)	1μL
T4 多核苷酸激酶（5～10U/L）	1μL

按照上述反应体系依次加入各种试剂，加入放射性核素标记的 ATP 后，振荡混匀，再加入 T4 多核苷酸激酶，混匀。

② 水浴，37℃反应 10min。

③ 加入 1μL 探针标记终止液，混匀，终止探针标记反应。

④ 再加入 89μL TE，混匀。标记好的探针最好立即使用，最长使用时间一般不宜超过 3d。标记好的探针可以保存在－20℃。

⑤ 使用前，95℃变性 5～10min，缓慢退火至室温，使之形成双链以供转录因子结合。

标记反应后，可以取少量探针用于检测标记的效率。通常标记的效率在 30% 以上，即总放射性的 30% 以上标记到了探针上。为简便起见，探针标记效率测定并非必需，也不必纯化标记探针。不过，纯化后的探针可改善 EMSA 的电泳效果，一般用 5mol/L 乙酸铵和无水乙醇沉淀进行探针纯化。大部分 DNA 结合蛋白需要 DNA 双链为探针，故需要设计合成 2 条互补链。结合实验前，95℃变性 5～10min，缓慢退火至室温，即进行退火使之形成双链。

（3）蛋白提取物与 DNA 结合反应

将核蛋白提取物或纯化的蛋白与标记的 DNA 探针温育，使具有结合 DNA 探针能力的蛋白分子与探针形成蛋白-DNA 复合物，电泳分离并显影后即可确定是否有蛋白与 DNA 结合。本实验需要一个不加 DNA 探针的反应，电泳后只见到游离的 DNA 探针出现在电泳胶的前沿；如果有蛋白与 DNA 片段形成了复合物，标记的 DNA 的迁移就会滞后，可见到移动较慢的 DNA-蛋白复合物区带（图 3-8）；结合的特异性主要依靠无关 DNA 探针和竞争对照来证明。无关探针（非特异）不能与蛋白形成复合物，电泳行为无探针时相同，竞争对照在反应中使用了一定量的未标记 DNA 探针（冷探针），与标记探针竞争而占据了一些可结合该序列的蛋白，使得蛋白-DNA 区带的强度明显减弱。用于竞争的未标记探针也被称为竞争 DNA（competitor DNA）。如果结合在该 DNA 探针上的是已知蛋白时，还可以在反应中加入特异性抗体，该抗体将结合在原有的蛋白-DNA 复合物上，使之电泳迁移更加缓慢，称为 super-shift。

表 3-3　EMSA 结合反应

项　　目	阴性对照	待测样品	无关探针对照	冷探针竞争对照	抗体结合对照
无核酸酶水	7μL	5μL	5μL	4μL	4μL
5×EMSA 结合缓冲液	2μL	2μL	2μL	2μL	2μL
核蛋白或纯化转录因子	0μL	2μL	2μL	2μL	2μL
标记探针	1μL	1μL	0μL	1μL	1μL
无关标记探针	0μL	0μL	1μL	0μL	0μL
非标记探针	0μL	0μL	0μL	1μL	0μL
特异性抗体	0μL	0μL	0μL	0μL	1μL
总体积	10μL	10μL	10μL	10μL	10μL

按照表 3-3 中的顺序依次加入各种试剂，混匀，20～25℃放置 20min。含有竞争对照时，在加入标记探针前需先混匀其他成分，室温放置 10min，让冷探针优先反应，然后加入标记好的探针。终止反应时，加入 1μL 10×EMSA 无色上样缓冲液（100％甘油，0.5mol/L EDTA），混匀后立即进行电泳。

（4）非变性聚丙烯酰胺凝胶电泳及显影与一般蛋白电泳（SDS-PAGE）不同，蛋白-DNA 复合物的电泳分离需要在非变性条件下进行，避免复合物解离。电泳一般在 4％的含有甘油但不含 SDS 和 DTT 的聚丙烯酰胺凝胶进行（表 3-4）。制胶方法和注意事项同 SDS-PAGE。

表 3-4　6％非变性凝胶配方

成　　分	体　　积
TBE 缓冲液(10×)	1.0mL
37.5：1 丙烯酰胺/双丙烯酰胺(0.4g/mL)	1.25mL
丙烯酰胺(0.4g/mL)	0.75mL

续表

成　　分	体　　积
80％甘油	0.625mL
H₂O	16.2mL
TEMED	0.01mL
10％Amp	0.015mL

将混合了无色上样缓冲液的样品加入到样品孔内，在多余的孔内加入 10μL EMSA 蓝色上样缓冲液（100％甘油，0.5mol/L EDTA，0.5％溴酚蓝），用于观察电泳进行的情况。由于溴酚蓝会影响蛋白和 DNA 的结合，建议反应样品尽量使用无色的 EMSA 上样缓冲液。如果感到操作过于困难，可以添加极少量含溴酚蓝的上样缓冲液，至能勉强看到蓝色即可。电泳至蓝色染料溴酚蓝至胶的下缘 1/4 处停止电泳，以防自由探针走出凝胶。干胶仪器上干燥 EMSA 胶。然后用 X 线片压片检测，或用其他适当仪器设备检测。

五、实验结果

EMSA 的技术流程和实验结果举例如图 3-6 所示。

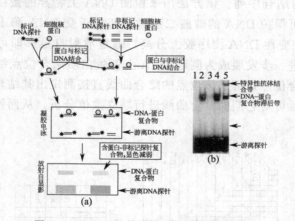

图 3-6　EMSA 的技术流程和实验结果举例

（a）技术原理；（b）照片实例：1—核提取物与无关探针对照；2,4—核提取物与标记探针；
3—核提取物＋标记探针＋非标记探针；5—核提取物与标记探针，再加特异性抗体

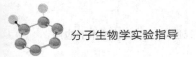

实验 8　甲基化干扰和足迹实验

一、实验目的

测定蛋白质与 DNA 的结合序列。

二、实验原理

1. DNase Ⅰ足迹法（DNase Ⅰ footprinting）

DNase Ⅰ足迹法是用于测定蛋白质与 DNA 的结合序列，其原理与 DNA 测序的原理相似。先将 DNA 的 5′-端标记，然后与蛋白质混合，再以 DNase Ⅰ作用，因为 DNase Ⅰ可在 DNA 上不同的地方切断，而形成不同长度的 DNA 片段，以电泳分析会得到梯度图，若 DNA 于图 3-7 上的 ACATG 处被蛋白质包住，这些碱基就不会被 DNase Ⅰ切断，因此电泳图上不会出现从此区域来的 DNA 片段。若将此 DNA 定序，并进行电泳分析，可读出未产生 DNA 条带的部位的序列，这即是此蛋白质与 DNA 的结合序列。该方法用来检测 DNA 上特异的蛋白结合位点。位点上结合的蛋白质可保护 DNA 的磷酸二酯键骨架免于受 DNA 酶Ⅰ催化的水解。水解后 DNA 片段在变性 DNA 测序胶上分离，通过放射自显影即可使结合位点显示出来。足迹法已进一步发展成为测定 DNA 上各蛋白质结合位点结合曲线的定量技术，对于每个结合位点，可从该位点的结合曲线直接测定出其结合总能量。对于有协同作用的位点，可对它们的结合曲线进行联立数值分析，从而解出内在的结合能量及协同因素。

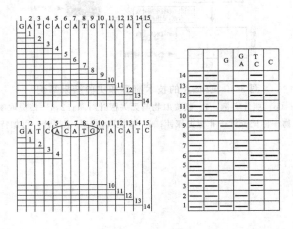

图 3-7　DNase Ⅰ足迹法的原理

2. 甲基化干扰分析法

　　DNase Ⅰ足迹法可以得出蛋白质结合后所保护的 DNA 序列，但还不是精确的结合位点，这是由于用 DNA 酶 Ⅰ 处理 DNA-蛋白质复合体时，考虑到 DNA 酶 Ⅰ 与 DNA 结合蛋白的分子大小相仿，因此受空间位阻的影响，紧邻蛋白质结合位点的 DNA 序列不会受到 DNA 酶 Ⅰ 的攻击而发生 DNA 链断裂。如果用小分子的化学试剂处理 DNA-蛋白质复合体裂解 DNA 则可以避免上述空间位阻的影响，较为精确的找出蛋白质结合位点。要做到这一点，通常可以使用类似于化学断裂法测序的技术，首先将 DNA 片段中的一条链的末端用同位素标记，然后用适当浓度的硫酸二甲酯（DMS）处理 DNA-蛋白质复合体，使每条 DNA 链上平均有一个碱基被甲基化。然后去除与 DNA 结合的蛋白，用哌啶甲酸处理甲基化的 DNA 链使之在甲基化处发生断裂。最后再进行变性聚丙烯酰胺凝胶电泳分离和放射自显影。

三、实验内容

1. DNA 酶Ⅰ足迹分析法

（1）材料

　　含有 DNA 结合位点的质粒 DNA，适当的限制性内切酶，100％乙醇及冰冷的70％乙醇，TE 缓冲液，［α-³²P-dNTP（3000～6000Ci/mmol）水溶液，5mmol/L 4dNTP 混合液，脱氧核糖核酸酶Ⅰ（DNA 酶Ⅰ），分析缓冲液，DNA 酶Ⅰ终止缓冲液，DNA 酶Ⅰ贮存缓冲液，甲酰胺加样缓冲液。

（2）实验步骤

　　① 用限制性内切酶消化约 5pmol 质粒，使得在距第 1 个蛋白质结合位点 25～100bp 处产生一个 3′-凹端。如图 3-8 所示。

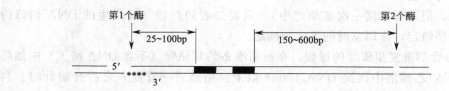

图 3-8　蛋白结合位点距产生线性单末端标记片段的限制性内切酶切口的正确定位
黑色盒子代表蛋白结合位点；＊代表 Klenow 标记反应中［³²P］dNTP 的掺入

　　② DNA 用乙醇沉淀，用 1mL 冰冷的 70％的乙醇洗 1 次，在 SpeedVac 真空旋转蒸发器中干燥。DNA 沉淀重溶于 5μL TE 缓冲液中。加入适当的水溶性［α-³²P］dNTP，每种各 50μCi，再加入 5μL 10×Klenow 酶缓冲液，加水至 49μL。加 1μL Klenow 酶（5～10U），轻轻混合并离心，室温温育 25min。加 2pL 5mmol/L 4dNTP 混合液，混匀，温育 5min。用离心过柱法除去未掺入的核苷酸。DNA 如前面一样用乙醇沉淀。

③ 用第二种限制酶消化，产生仅在一条链及一个末端上标记的限制性片段，切点位于最远离标记末端的蛋白结合位点 150bp 以外。用琼脂糖凝胶电泳，随后用电洗脱及反相色谱法纯化含有结合位点的标记 DNA。

④ 如步骤②一样用乙醇沉淀 DNA。将 DNA 溶解于 $100\mu L$ pH8.0 的 TE 缓冲液中，测定计数值。在 4℃保存 2 周之内，不要冻结。

⑤ 在 10mL 一次性塑料管中准备 $n+2$ 份 $180\mu L$ 分析缓冲液（n 为实验中结合反应的份数）。加入 ^{32}P 标记的 DNA 达到 10000～15000cpm/管。轻轻在旋涡混合器上振荡混匀。分析缓冲液的成分取决于蛋白质的性质、蛋白质-DNA 系统以及所要解决的问题。DNA 酶 I 的活性需要有微摩尔浓度的 Mg^{2+} 和 Ca^{2+} 存在。将含有 ^{32}P 标记的 DNA 的分析缓冲液按 $180\mu L$/管分装入 $n+1$ 个 1.5mL 硅化的微量离心管中（另 1 个管加入不含 DNA 酶 I 的对照）。

⑥ 对蛋白质进行系列稀释以覆盖所要分析的浓度范围。结合蛋白的浓度范围应达到能覆盖所有蛋白结合位点饱和度的 0～99%，并且应以等间隔浓度的对数值表示，至少要有几个点用来确定滴定曲线的渐近线。取 2～$20\mu L$ 稀释的蛋白溶液加入各管中。加分析缓冲液（不含 ^{32}P 标记的 DNA）至终体积 $200\mu L$/管。轻轻混合，稍加离心，在所需温度的水浴中平衡 30～45min。

⑦ 准备过量的 DNA 酶 I 终止液（$700\mu L$/管），置于干冰/乙醇浴中。准备 $\geqslant 500\mu L$ 用无 BSA 及小牛胸腺 DNA 的分析缓冲液稀释的 DNA 酶 I 溶液（浓度按经验而定）。将它同样品一起置于调节好水温的水浴中平衡。

⑧ 准确吸取 $5\mu L$ 稀释的 DNA 酶 I 加入第 1 管样品中，迅速混合，马上放回水浴中。刚好 2min 后，迅速加入 $700\mu L$ DNA 酶 I 终止液。在旋涡混合器上剧烈振荡后，将管置于干冰/乙醇浴中。DNA 酶 I 作用的时间和浓度可作改变（在各次实验之间，但不要在同一次实验之中），只要二者的产物（即产生的 DNA 切口的数量）保持恒定，作用总时间不成为问题。

⑨ 每管都重复步骤⑧的过程。在前面准备的对照管（不含 DNA 酶 I）中加终止液在干冰/乙醇浴中沉淀 DNA 15min 以上。当最后一管放入之后开始计时。离心 15min，小心除去上清。加 1mL 预冷的 70%乙醇，离心 5min。重复洗 1 次。在 SpeedVac 真空旋转蒸发器中干燥沉淀（10～15min）。

⑩ 将 DNA 重悬于 $5\mu L$ 甲酰胺加样缓冲液中，在旋涡混合器上剧烈振荡混匀。如果不马上进行分析，可将样品保存在-70℃过夜。制备聚丙烯酰胺（常用 6%～8%）DNA 测序胶并预电泳。将样品置于干热式电加热块中 90℃加热 5～10min，立即浸入冰水中。当预电泳的凝胶温度达到 50～55℃时加样。电泳至蛋白结合位点移至胶的中部或略下。干胶，并用经预闪烁曝光处理的 KodakX-OmatAR 胶片及单块钨酸钙增感屏放射自显影。冲洗胶片。每块凝胶做 2～3 张自显影片（不同的曝光水平）以确保合适的曝光。小心保存胶片，不要有划痕而影响定量。

2. 甲基化干扰分析法

（1）材料

TE 缓冲液，pH7.5～8.0

硫酸二甲酯（DMS）

DMS 反应缓冲液

DMS 终止缓冲液

0.3mol/L 乙酸钠/1mmol/LEDTA，pH5.2

1mol/L 哌啶（从 10mol/L 哌啶贮液稀释）

终止/加样染液 90～95℃水浴

（2）实验步骤

① 制备单末端标记的 DNA 探针（同迁移率变动分析法）。

② 取约 10^6cpm 的探针溶于 5～10μL TE 缓冲液中。加入 200μL DMS 反应缓冲液及 1μL DMS。在旋涡混合器上充分混匀。室温温育 5min。

注意：DMS 是一种强毒性物质，必须在通风橱内小心操作。含有 DMS 的液体应倒在指定的 DMS 废液瓶中，接触过 DMS 的吸液头应放入一个专门的 DMS 固体废物瓶中，由安全部门处理。

③ 在探针混合液中加入以下试剂。

DMS 终止缓冲液	40μL
10mg/mL tRNA 溶液	1μL
100％乙醇	600μL

混匀后置于干冰/乙醇浴中 10min。用微量离心管 4℃以最大速度离心 10min。用巴斯德吸管小心吸出上清，置于液体 DMS 废液瓶中。将沉淀重悬于 250μL 0.3mol/L 乙酸钠/1mmol/L EDTA 中，放置在冰上。加入 750μL 100％乙醇，混匀，如前面步骤一样用乙醇沉淀 DNA。并重复沉淀 DNA 1 次。用 70％乙醇洗 DNA 沉淀 1 次，离心 10min。小心除去上清，将管子倒扣在吸水纸上，在空气中晾干 10min。在闪烁计数仪上测量 DNA 沉淀的切伦科夫计数，计算其 cpm 值。用 TE 缓冲液重悬至约 20000cpm/μL。标记的探针应该平均每分子有一个修饰基团。

④ 用优化的 DNA 结合条件，建立如下反应体系，但反应体积放大约 5 倍（50μL 体积中用 10^5cpm 探针）。

0.1～2μg 非特异性载体 DNA

300mg/mL BSA

≥10％甘油

适当的缓冲液或盐

DNA 结合蛋白（约 15μg 粗提物）

反应总体积调至 10μL

⑤ 将结合反应液加入 3 个非变性聚丙烯酰胺凝胶样品孔中，电泳。

⑥ 将凝胶进行放射自显影，切出相应于蛋白质-DNA 结合物及非结合探针的显影带，用电洗脱的方法从胶中将 DNA 纯化至 DEAE 膜上。

⑦ 用 100μL 1mol/L 哌啶重悬沉淀。置于 90～95℃水浴中 30min。在管子上加上一玻璃板以防盖子冲开。小心将管子从水浴中取出，置于干冰上。

⑧ 在盖子上用大注射器针头扎孔，在真空蒸发器（如 SpeedVac 真空蒸发器）中冻干 1h 或直至完全冻干。加 100μL 蒸馏水。再次冷冻和冻干。重复加水，冷冻和冻干。测定 cpm 值。

⑨ 在沉淀中加足够的终止/加样染液，浓度以 1～2μL 体积中含有需加样的样品量为宜。（自显影过夜，约 3000cpm）。95℃加热 5min，迅速置于冰上冷却。

⑩ 将非结合探针及蛋白-DNA 结合物加于 6% 或 8% 的聚丙烯酰胺/尿素测序胶上。同测序一样进行电泳及放射自显影。加样的 DNA-蛋白质结合物及非结合探针的计数值相等，以便对不同的样品进行精确的比较。

实验 9　RNA 的酶保护实验

一、实验目的

（1）掌握 RNA 酶保护实验（RNase protection assay，RPA）的原理。

（2）掌握 RNA 的提取方法。

（3）学会设计 RNA 酶保护实验。

二、实验原理

RNA 酶保护实验是通过液相杂交的方式，用反义 RNA 探针与样品 mRNA 杂交后不被 RNase 降解，以检测基因表达的技术。与 Northern 杂交和 RT-PCR 比较，RPA 有以下几个优点。

（1）检测灵敏度比 Northern 杂交高。由于 Northern 杂交步骤中转膜和洗膜都将造成样品和探针的损失，使灵敏度下降，而 RPA 将所有杂交体系进行电泳，故损失小，提高了灵敏度。

（2）由于 PCR 扩增过程中效率不均一和反应"平台"问题，基于 PCR 产物量进行分析所得数据的可靠性将下降，而 RPA 没有扩增过程，因此，分析的数据真实性较高。

（3）由于与反义 RNA 探针杂交的样品 RNA 仅为该 RNA 分子的部分片段，因此，部分降解的 RNA 样品仍可进行分析。

（4）步骤较少，耗时短。与 Northern 杂交相比，省去了转膜和洗膜的过程。

（5）RNA-RNA 杂交体稳定性高，无探针自身复性问题，无须封闭。

（6）一个杂交体系中可同时进行多个探针杂交，无竞争性问题。

（7）检测分子长度可以任意设置，灵活性大。

三、实验仪器、材料及试剂

（1）仪器：冷冻离心机、PCR 仪、恒温水浴锅、电泳仪、暗盒、微量移液器（1～5μL，2～20μL，20～200μL，100～1000μL）；计时器（秒表）；台式离心机。

（2）材料：T7 启动子引物。

（3）试剂

GACU POOL：取 100mmol/L ATP、CTP、GTP 各 2.78μL、100mmol/L UTP 0.06μL，加 DEPC 处理水至 100μL。

杂交缓冲液：PIPES 0.134g、0.5mol/L EDTA(pH8.0) 20μL、5mol/L NaCl 0.8mL、甲酰胺 8mL，加 DEPC 处理水至 10mL。

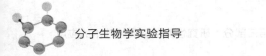

RNase 消化液：5mol/L NaCl 120μL、1mol/L Tris-HCl(pH7.4) 20μL、0.5mol/L EDTA(pH8.0) 20μL、RNase A(10mg/mL) 8μL、RNase T1(250U/μL) 1μL，加 DEPC 处理水至 2mL。

[α-^{32}P] UTP (10μCi/μL)。

DTT（二硫苏糖醇，0.1mol/L）。

5×转录 Buffer。

T7 RNA 聚合酶（15U）。

其他：饱和酚、氯仿、酵母 tRNA(2μg/μL)、DEPC 处理水、无水乙醇、75% 乙醇素、聚丙烯酰胺、N-N 甲叉双丙烯酰胺、过硫酸铵、TBE(电泳缓冲液)。

四、实验步骤

1. 用含启动子的 PCR 产物（或含有目的基因的重组载体 pGEX）为模板制备 RNA 探针

（1）设计含 T7 启动子的 PCR 引物

由于 PCR 产物将作为合成反义 RNA 的模板，所以一对引物中的下游引物 5'-端要含 T7启动子序列：5'-TAATACGACTCACTATAGGG。

引物设计的其他要求与一般 PCR 引物的设计相同。PCR 产物的长度决定了反义 RNA 探针的长度，具体设计时可考虑 100～400bp 长。最好采用巢式 PCR，即先扩增出一较长的片段，再以该片段为模板扩增出较短的片段，以保证探针的特异性。

（2）PCR

先用上游引物和下游引物Ⅰ进行 PCR，再以 PCR 产物为模板，用上游引物和下游引物Ⅱ-T7 进行二次 PCR。

（3）探针合成标记与纯化

在 0.5mL 离心管中加入下列试剂。

RNasin(40U/μL)	0.5μL
GACU POOL GAC(含 GTP、CTP、ATP 各 2.75mmol/L，UTP 61μmol/L)	2μL
[α-^{32}P] UTP(10μCi/μL)	2.5μL
DTT(二硫苏糖醇，0.1mol/L)	1μL
5×转录 Buffer	2μL
模板（50ng/μL）	1μL
T7 RNA 聚合酶	1μL

混合后，短暂离心，37℃保温 1h。

加入 DNase Ⅰ (10U/μL) 1μL，37℃ 15min，然后 75℃ 10min 以灭活 DNAse Ⅰ和 T7 RNA 聚合酶。加入：

饱和酚	50μL

氯仿	$50\mu L$
酵母 tRNA($2\mu g/\mu L$)	$4\mu L$
DEPC 处理水	$100\mu L$

室温下充分混匀，10000r/min 离心 2min。取上层液置另一 0.5mL 离心管中，加入 100μL 氯仿，混匀，10000r/min 离心 2min，将上层液转移至另一 0.5mL 离心管中，再加入 3mol/L 乙酸钠 10μL、预冷无水乙醇 250μL，混匀后，-20℃静置 30min。4℃离心 13500r/min，10min。弃上清液，沉淀用 75％乙醇 100μL 洗涤，4℃离心 13500r/min，2min，弃上清液。室温下挥发残留乙醇。加入 50μL 杂交缓冲液溶解沉淀，4℃下保存待用。可用尿素-聚丙烯酰胺凝胶电泳检测探针质量。

2. 总 RNA 提取

(1) 将组织在液氮中磨成粉末后，再以 50～100mg 组织加入 1mL Trizol 液研磨，注意样品总体积不能超过所用 Trizol 体积的 10％。

(2) 研磨液室温放置 5min，然后以每 1mL Trizol 液加入 0.2mL 的比例加入氯仿，盖紧离心管，用手剧烈摇荡离心管 15s。

(3) 取上层水相于一新的离心管，按每 mL Trizol 液加 0.5mL 异丙醇的比例加入异丙醇，室温放置 10min，12000r/min 离心 10min。

(4) 弃去上清液，按每 mL Trizol 液加入至少 1mL 的比例加入 75％乙醇，涡旋混匀，4℃下 7500r/min 离心 5min。

(5) 小心弃去上清液，然后室温或真空干燥 5～10min。

3. 杂交

(1) RNA 提取后溶解在杂交缓冲液中，浓度为 1μg/μL。

(2) 取 8μL RNA 加入 1～3μL 探针（根据探针检测结果调整）于 0.5mL 离心管中。

(3) 80℃保温 2min，然后 40～45℃下杂交 12～18h。

4. 消化

(1) 杂交管于 37℃保温 15min，加入 RNase 消化液，37℃保温 30min。

(2) 加入 10％SDS 10μL、10μg/μL 蛋白酶 K 20μL，混匀，37℃保温 10min。

(3) 加入 65μL 饱和酚和 65μL 氯仿，混匀，室温离心，10000r/min，2min。

(4) 转移上层液到另一 0.5mL 离心管中，加入 10μL 酵母 tRNA 和 3mol/L 乙酸钠 15μL，再加入 200μL 异丙醇，混匀后，置-20℃ 30min，4℃离心，135000r/min，10min。

(5) 弃上清液，室温下挥发乙醇，加入 5～8μL 上样缓冲液溶解沉淀。

5. 电泳与放射自显影

(1) 配制凝胶 (50mL)

40％丙烯酰胺-亚甲双丙烯酰胺 (19：1)	6.25mL

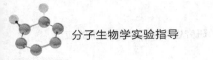

5×TBE		10mL
尿素		24g

加 H₂O 至 50mL，溶解后加入 25％过硫酸铵 50μL，TEMED 50μL，混匀，注入电泳槽中，插入梳子，待胶凝固。

（2）预电泳

以 1×TBE 为上下槽电泳缓冲液，加上电压后进行预电泳，如果用测序电泳装置，电压应达 2000V 以上，功率设定为 100W，温度设为 50℃。待胶板温度达 50℃时，暂停电泳，准备加样。

（3）加样

将已溶解在加样缓冲液中的样品 80℃加热 2min，立即加样到胶孔中，电泳 1～2h（电泳条件同预电泳）。

（4）电泳结束后，打开胶板，用滤纸取下胶，覆上一层保鲜膜，放置于暗盒中，暗室红光下，压上一张 X 光片，盖上暗盒，－70℃曝光 1～3d。曝光结束后，将 X 光片显影、定影、水洗、晾干。

五、实验结果

M	1	2	3	4	5	
						1—RNA 探针对照（未加酶切）
						2—全保护
						3—部分保护
						4—未保护
						5—未保护对照

六、注意事项

（1）本实验大部分为 RNA 操作，注意 RNA 酶的污染。

（2）RNase 消化液消化未杂交的单链 RNA 和探针 RNA，当探针与样品之间有碱基错配时，错配位点也将被消化，因此会产生片段较小的杂交片段。因此进行 PCR 时，采取尽量减少错配的措施。

（3）同位素对 RNA 合成有一定影响，有时会产生非全长的探针。因此，标记时间不宜过长。

（4）RNase 消化液有时会产生过度消化而无检测信号，可将消化液稀释 10～100 倍后使用。

实验 10　mRNA 代表性差异展示技术

一、实验目的

（1）了解 mRNA 代表性差异展示技术的原理。

（2）掌握 mRNA 代表性差异展示技术的具体操作。

二、实验原理

随着 PCR 技术的发展，人们在此基础上建立起了一系列基于基因分离的新技术新方法。如 mRNA 差别显示技术（DDRT-PCR）。差别显示 PCR 是根据绝大多数真核细胞 mRNA3'-端具有的多聚腺苷酸尾［poly(A)］结构，因此可用含 oligo(dT) 的寡聚核苷酸为引物将不同的 mRNA 反转录成 cDNA。该方法的创始人 Liang P 和 Pardee A 根据 poly(A) 序列起点前 2 个碱基除 AA 外只有 12 种可能性的特征，设计合成了 12 种下游引物，称为 3'-锚定引物，其通式为 5'-T11MN；同时为扩增出 poly(A) 上游 500bp 以内所有可能性的 mRNA 序列，在 5'-端又设计了 20 种 10bp 长的随机引物。这样构成的引物对进行 PCR 扩增能产生出 20000 条左右的 DNA 条带，其中每一条都代表一种特定 mRNA，这一数字大体涵盖了在一定发育阶段某种细胞类型中所表达的全部 mRNA。如在 1994 年，Ito 等对 3'-端锚定引物的设计由固定 2 个碱基变为 1 个碱基固定的引物，这就使原来 12 种引物减至 3 种即可（5'-T12G，5'-T12A，5'-T12C），这样做减少了每个 mRNA 样品对逆转录反应种类的需要，并且把由于简并性引起的某些 RNA 的代表性差和 RNA 数量过多现象降低到最低程度；在随后的两年中，研究人员有在 3'-端引物和 5'-随机引物末端分别加上了限制性内切酶识别位点（如 *Hind* Ⅲ 酶切位点），使得 5'-端引物条数改为 8 条，长度为 13bp，而 3'-端引物则由 18 个碱基组成。这样形成的 24 种引物对，经计算机同源性分析表明同样能覆盖全部 mRNA，使实验简化，同时由于引物变长，使 cDNA 扩增更为有效。有的实验室采用把 Bakman 公司的 kit，其引物 5'-端为 26bp，3'-端为 31bp，并加上了 T3 和 T7 两端的测序引物，切割差异条带后，再次扩增，并通过荧光标记，用计算机统计出结果。

三、实验仪器、材料及试剂

1. 仪器

微量取液器（0.1～1μL；1～5μL；20～50μL；20～200μL；1000μL）、PCR 仪、荧光定量 PCR 仪；低温离心机、台式离心机、琼脂糖凝胶电泳系统、凝胶成像系统、CO$_2$ 培养箱、恒温摇床、恒温孵箱、通风橱、制冰机、振荡器、微波炉、无菌接种环、电脑、解剖刀、研钵，冷冻台式高速离心机、低温冰箱、冷冻真空干燥器、紫外检测仪、电泳仪、电泳槽。

2. 材料

提取总 RNA 的材料、限制性内切酶、$5'$-端引物，$3'$-引物，T3 和 T7 两端的测序引物。

3. 试剂

(1) RNA 提取试剂

① 无 RNA 酶灭菌水：用将高温烘烤的玻璃瓶（180℃，2h）装蒸馏水，然后加入 0.01％的 DEPC，处理过夜后高压灭菌。

② 75％乙醇：用 DEPC 处理水配制 75％乙醇，（用高温灭菌器皿配制），然后装入高温烘烤的玻璃瓶中，存放于低温冰箱。

③ $1\times$色谱柱加样缓冲液：20mmol/L Tris-HCl(pH7.6)，0.5mol/L NaCl，1mmol/L EDTA(pH8.0)，0.1％ SDS。

④ 洗脱缓冲液：10mmol/L Tris-HCl(pH7.6)，1mmol/L EDTA(pH8.0)，0.05％ SDS。

(2) cDNA 合成

5×1st Strand Buffer；DTT(20mmol/L)；$50\times$dNTP(10mmol/L each)；$10\times$Klen-Taq PCR Buffer；$5'$-PCR Primer(10μmol/L)；CDS/$3'$-PCR Primer(10μmol/L)；1st Strand cDNA；Mili-Q 水；$50\times$ Advantage KlenTaq Polymerase Mix；SuperscriptⅡ(200 U/μL)；20μg/μL 的蛋白酶 K，T4 DNA 聚合酶 4mol/L 乙酸铵，95％的乙醇，80％乙醇；0.2mol/L EDTA；酚-氯仿-异戊醇(25∶24∶1)；3mol/L 乙酸钠 (pH4.8)。

(3) 酶切

$5\times$TBE 电泳缓冲液，$6\times$电泳载样缓冲液：0.25％溴粉蓝，0.4g/mL 蔗糖水溶液，贮存于 4℃，溴化乙锭(EB) 10mg/mL。

四、实验步骤

(1) 提取总 RNA

① 将组织在液氮中磨成粉末后，再以 50～100mg 组织加入 1mL Trizol 液研磨，注意样品总体积不能超过所用 Trizol 体积的 10％。

② 研磨液室温放置 5min，然后以每 1mL Trizol 液加入 0.2mL 的比例加入氯仿，盖紧离心管，用手剧烈摇荡离心管 15s。

③ 取上层水相于一新的离心管，按每 mL Trizol 液加 0.5mL 异丙醇的比例加入异丙醇，室温放置 10min，12000r/min，离心 10min。

④ 弃去上清液，按每 mL Trizol 液加入至少 1mL 的比例加入 75％乙醇，涡旋混匀，4℃下 7500r/min，离心 5min。

⑤ 小心弃去上清液，然后室温或真空干燥 5～10min。加入 1mL Trizol 液溶解。

注意：不要干燥过分，否则会降低 RNA 的溶解度；整个操作要戴口罩及一次性手套，并尽可能在低温下操作；不能有 DNA 污染，一般用无 RNA 酶的 DNA 酶在 37℃下处理 30min。

（2）cDNA 合成

在逆转录酶作用下，以 OligT11MN 为引物（M 为 G、A、C 中的任一种，N 为 A、C、G、T 任一种），进行逆转录，利用提取的 mRNA 反转录成相应的cDNA。

① 取一个 0.2mL 薄壁管，于冰浴上加入以下物质。

mRNA 模板（100ng/μL）	3μL
SMART 寡核苷酸	1μL
CDS/3′-PCR 引物	1μL

混匀，短暂离心，收集液滴至管底。

② 72℃温育 2min 后，冰浴 2min 并短暂离心收集液滴至管底。

③ 在管中冰浴按下列顺序加入以下物质。

5×1st Strand Buffer	2μL
DTT（20mmol/L）	1μL
50×dNTP（10mmol/L each）	1μL
SuperscriptⅡ（200U/μL）	1μL
总体积	10μL

混合后离心 5s，置冰上备用。

④ PCR 仪上 42℃温育 1h。

注：若使用水浴进行温育，应在反应混合物上覆盖一滴石蜡油以防止水分蒸发。

⑤ 取出管子置冰浴上中止反应。若不进行下一步，则将产物冻存于－20℃。

（3）限制性酶切

（4）PCR 反应

在酶切后的 cDNA 片段两边加上特殊接头进行扩增。利用 cDNA 和 3′+5′引物，^{35}P 进行 PCR。

（5）扩增后的 cDNA 进行检测放射性并进行聚丙烯酰胺凝胶电泳，使差异表达的 cDNA 片段在 6％测序胶上分开。

（6）找出不同处理间差异显示的条带，从胶上切割下来，并回收，再进行第二次扩增。

（7）克隆差异片段，差异片段可作为探针；加入同一对引物进行 PCR。

（8）对目的片段进行测序。

（9）以克隆的目的片段为探针，从基因组文库中筛选出相应的全长基因。

五、实验结果

得到的 cDNA 序列可以从相关网站上查出具体的研究情况以及功能。

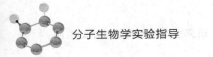

实验 11　oligo（dT）-纤维素色谱法提取 poly（A）

一、实验目的

从细胞总 RNA 中提取含 poly(A) 尾巴的 mRNA。

二、实验原理

大多数真核细胞 mRNA 的 3′-端通常具有由 20～30 个腺苷酸组成的 poly(A)
尾巴，带有 poly(A) 尾巴的 mRNA 能与连在纤维素介质上的短链（通常为 18～
30 个核苷酸）oligo(dT) 形成稳定的 RNA-DNA 杂合链。因此，mRNA 能用 oligo
(dT)-纤维素亲和色谱法从细胞总 RNA 中分离。在高盐环境下当总 RNA 样品流经
该柱时，mRNA 被吸附在柱上，而其他 RNA 则随高盐溶液流出；当用低盐洗脱
液洗柱时，mRNA 随洗脱液流出。再用有机溶剂沉淀则可得纯化 mRNA。

三、实验仪器、材料及试剂

1. 仪器

色谱系统，水浴，离心机，分光光度计，pH 试纸等。

2. 材料

RNA 溶液。

3. 试剂

十二烷基肌氨酸钠（SLS），EDTA，NaCl，Tris-HCl，十二烷基磺酸钠
（SDS），NaOH，乙酸钠，0.1%DEPC 处理水，oligo(dT)-纤维素等。

四、实验步骤

（1）取 oligo(dT)-纤维素 0.5g～1.0g，用 0.1mol/L NaOH 重悬。

（2）用 oligo(dT)-纤维素（0.5～1.0mL 柱体积）灌注 DEPC 水处理过的一次
性柱子。

（3）用无菌 1×装柱缓冲液（用 DEPC 处理水稀释）洗涤柱子，直到流出液
pH 值小于 8.0。用 pH 试纸测试。

（4）用无菌水溶解 RNA，65℃，5min 处理溶液（水浴）。将溶液快速冷却至
室温，并加入等体积的 2×装柱缓冲液。

（5）将 RNA 溶液加到柱子上，并立即用无菌的 Ep 管收集流出液。当所有的
RNA 溶液进入柱子时，用 1 倍体积的 1×装柱缓冲液洗柱，继续收集流出液。

（6）当所有的液体流出柱子后，65℃加热收集液 5min，重新加到柱子中。再

次收集流出液。

（7）每次用1倍体积1×装柱缓冲液洗柱，分部收集。测量收集液 OD_{260} 吸光值，确定收集液的该值是否接近0，如该值仍很大，则上样液继续洗柱，直至该值接近0（1×装柱缓冲液作为空白对照）。将 OD_{260} 值较大的收集液，用2.5倍体积乙醇沉淀，用于后续实验的对照样品。

（8）用2～3倍柱体积的无菌、无 RNA 酶的洗脱缓冲液从 oligo(dT)-纤维素柱上洗脱 poly(A)$^{+}$ RNA。分部收集。测定各收集管的 OD_{260} 值，将有吸光值的各管合并。

（9）在洗脱液中加入 3mol/L 的乙酸钠（pH5.2）至终浓度 0.3mol/L，混合均匀。加入2.5体积冰冷的乙醇，混合均匀，冰上放置至少 30min。12000r/min，4℃离心 15min。小心弃掉上清，用 70%乙醇洗涤沉淀，12000r/min，4℃离心 5min，吸去上清，将敞口的管子倒置几分钟，使大部分剩余乙醇挥发，不要是沉淀过于干燥。

（10）将 RNA 沉淀用无菌 DEPC 处理水溶解，得到 poly(A)$^{+}$ RNA，即 mRNA。

五、实验结果

琼脂糖凝胶电泳 mRNA 的结果为弥散状，如图3-9所示。

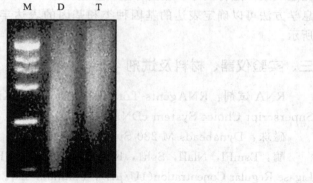

图 3-9　mRNA 电泳图
M—DL2000 Marker；D—对照；T—处理

六、注意事项

实验所有步骤都需要严格避免 RNA 酶的污染。

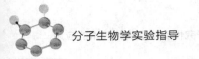

一、实验目的

通过分子实验提取并扩增生物特定阶段组织或细胞中表达序列标签（expressed sequence tags，EST），用于快速和详细分析成千上万个 EST 来寻找出表达丰富度不同的 SAGE 分析。

二、实验原理

来源于转录体特定位置的 9～13bp 的核苷酸序列包含足够的信息，能确定一个转录体，可以作为区别转录体的标签（EST）。例如，一条包含 9 个碱基的标签能够分辨 262144 个不同的转录物（$4^9 = 262144$），而人类基因组估计能编码约 80000 种转录物，所以理论上每一条包涵 9 个碱基的标签能够代表一种转录物的特征序列。

这些分离自不同转录体的标签可以被串连成一定长度的多联体（concatemer），克隆入载体进行测序。相同标签的重复次数代表该转录体的表达水平，结合生物信息学方法可以确定表达的基因种类和基因的表达丰度。SAGE 实验步骤如图 3-10 所示。

三、实验仪器、材料及试剂

RNA 试剂：RNAgents-Total RNA Isolation Kits，MessageMaker mRNA kit，Superscript Choice System cDNA Synthesis Kit。

磁珠：Dynabeads M-280 Streptavidin 混悬液，磁场。

酶：BsmFI，NlaII，Sph1，Klenow，T4 Ligase High Concentration(5U/μL)，T4 Ligase Regular Conentration(1U/μL)，Platinum Taq。

其他：淀粉，pZERO-1 质粒，10mmol/L dNTP Mix，DMSO，CH_3COONH_4，引物。

缓冲液：2× B+W Buffer，10mmol/L Tris-HCl(pH7.5)，1mmol/L EDTA，2.0mol/L NaCl 室温保存。

LoTE：3mmol/L Tris-HCl（pH7.5），0.2mmol/L EDTA（pH7.5）加入到 ddH_2O 中，4℃保存。

PC8：480mL Phenol（加热到 65℃），320mL 0.5mmol/L Tris-HCl（pH8.0），640mL Chloroform。

10× PCR Buffer：166mmol/L（NH_4）$_2SO_4$，670mmol/L Tris pH8.8，

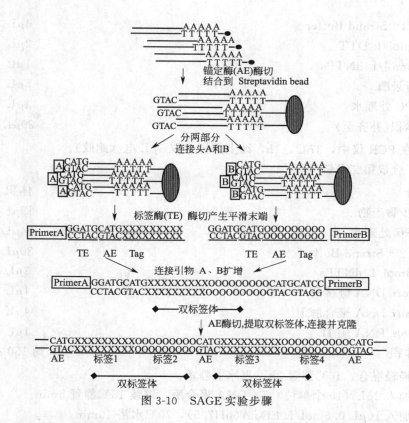

图 3-10 SAGE 实验步骤

67mmol/L MgCl$_2$，100mmol/L Beta-mercaptoethanol，分散到 0.5mL aliquots 里面－20℃保存。

四、实验步骤

1. 提取纯化 poly(A)＋RNA

按照实验 11 的方法制备 poly(A)＋RNA 500μg～1mg。总 RNA 大约可以纯化出 5～20g poly(A)＋RNA。

2. 合成 cDNA 双链

准备好纯化的 poly(A)＋ mRNA 和生物素化的 oligo(dT)。

（1）合成第一条链

① 按顺序配置下列逆转录体系，Biotin-dT 与 Poly(A)＋RNA 预先混合，70℃水浴 10min，冰上静置，短暂离心后加入其他组分。

组分	体积
Biotin-dT(1μg/μL)	2.5μL
poly(A)＋RNA(5μg) DEPC 处理水补齐	4.5μL

5× 1ˢᵗ Strand Buffer	4μL

5× 1st Strand Buffer   4μL

0.1mol/L DTT   2μL

10mmol/L dNTPs   1μL

逆转录酶   5μL

DEPC 处理水   1μL

总体积（补齐至）   20μL

② 在 PCR 仪中，37℃，1h，冰上静置（取 1μL 电泳跑胶）。

（2）合成第二条链

组分   体积

① 步骤产物   19μL

DEPC 处理水   94μL

5× 2nd Strand Buffer   30μL

10mmol/L dNTPs   3μL

E. coli DNA 链接酶   1μL

E. coli DNA 聚合酶 I   4μL

E. coli RNA 酶 H   1μL

总体积   约 150μL

① 轻轻混合，16℃静置 2h，再冰上静置。

② 加入 2μL（10 个单位）T4 DNA 聚合酶，继续 16℃静置 5min。

③ 加入 10μL 0.5mol/L EDTA(pH7.5)，70℃水浴 10min。

④ 加入 50μL 水，用 PC8 抽提两次（酚∶氯仿＝1∶1，pH8），乙醇沉淀 cD-NA。用 70％乙醇漂洗两遍，离心弃上清，待乙醇挥发完后，用 20μL LoTE 重悬。

（3）锚定酶酶切

① 将下列组分混合

组分   体积

样品 cDNA（1/2 总 cDNA）   10μL

LoTE   163μL

BSA(100×)   2μL

Buffer 4(10×)   20μL

Nla Ⅲ(10U/μL)   5μL

总体积   200μL

② 37℃水浴 1h，用等体积 PC8 抽提两次，乙醇沉淀。

③ 用 70％乙醇漂洗两遍，离心弃上清，待乙醇挥发完后，用 20μL LoTE 重悬。

④ 用磁珠结合生物素化 cDNA。

⑤ 加入 100μL Dynabeads M-280 Streptavidin Slurry（10mg/mL）到两个 1.5mL Ep 管。

⑥ 用磁铁吸住磁珠，弃上清。洗磁珠：加 200μL 1× B+W buffer，混匀，吸住磁珠，弃掉漂洗液。各加入 100μL 2× B+W Buffer，90μL ddH$_2$O 和 10μL cD-NA（1/2 总 cDNA）到两个 Ep 管中。室温静置 15min，每几分钟混匀一次。用 200μL 1× B+W Buffer 洗磁珠 3 次，再用 200μL LoTE 洗一次，弃掉漂洗液。立刻进行下一步操作。

⑦ cDNA 片段与接头（linker）连接

Linker A、B 共 4 条，已从公司合成好。

Linker 1A：

5′TTT GGA TTT GCT GGT GCA GTA CAA CTA GGC TTA ATA GGG ACA TG 3′

Linker 1B：

5′TCC CTA TTA AGC CTA GTT GTA CTG CAC CAG CAA ATC C [amino mod. C7] 3′

Linker 2A：

5′TTT CTG CTC GAA TTC AAG CTT CTA ACG ATG TAC GGG GAC ATG 3′

Linker 2B：

5′TCC CCG TAC ATC GTT AGA AGC TTG AAT TCG AGC AG [amino mod. C7] 3′

再将 linker 1B 和 linker 2B 末端去磷酸化，稀释溶解 Linker 1B 和 Linker 2B 到 350ng/μL，按以下配置体系。

组分	管1	管2
Linker 1B(350ng/μL)	9μL	
Linker 2B(350ng/μL)		9μL
LoTE	6μL	6μL
10× Kinase Buffer	2μL	2μL
10mmol/L ATP	2μL	2μL
T4 Polynucleotide Kinase（10U/μL）	1μL	1μL
总体积	20μL	20μL

37℃水浴 30min，再 65℃热变性 10min 使酶失活。Linker 1B 和 linker 2B 分别与 linker 1A、linker 2A 退火形成双链。混合 9μL Linker 1A 到 20μL kinased Linker 1B 里面（终浓度 200ng/μL）。9μL Linker 2A 到 20μL kinased Linker 2B 里面（终浓度 200ng/μL）。95℃，2min，降温至 65℃保持 10min，再 37℃，10min，

最后室温 20min，−20℃储存。

⑧ cDNA 片段与退火后的接头连接

将第④处理好的磁珠按下列体系配置。

组分	管 1	管 2
结合好 cDNA 的磁珠	磁珠	磁珠
LoTE	25μL	25μL
退火后的 Linker 1AB(200ng/μL)	5μL	0μL
退火后的 Linker 2AB(200ng/μL)	0μL	5μL
5× Ligase Buffer	8μL	8μL

轻柔的混匀之后，加热至 50℃ 2min，自然降温至室温 15min。每管加入 2μL T4 Ligase（High concentration 5U/μL），16℃孵育 2h，期间轻柔混匀数次。连接反应之后，用 200μL 1× B＋W Buffer 漂洗 3 次，将磁珠转移至新的管子。用 200μL 1× B＋W Buffer 漂洗一次，再用 200μL 1× Buffer 4（NEB）漂洗 2 次。

⑨ 用标签酶剪切释放 cDNA 标签序列

标签酶是一种 Ⅱ 类限制酶，它能在距识别位点约 20 碱基的位置切割 DNA 双链。按下列组分配制体系。

组分	管 1	管 2
磁珠样品 1 或样品 2	磁珠	磁珠
LoTE	86μL	86μL
10× Buffer 4	10μL	10μL
100× BSA	2μL	2μL
BsmFI(2U/μL)	2μL	2μL

65℃孵育 1h，期间轻柔混匀。用磁铁吸住磁珠，收集上清。用等体积 PC8 抽提，再用乙醇沉淀。4℃12000g 离心 30min，弃上清，用 70％乙醇漂洗两次，静置待乙醇挥发完全。最后用 10uL LoTE 重悬。

3. 形成平末端 cDNA 标签序列

按下列组分配制体系

组分	管 1	管 2
上一步样品 1 或样品 2	10μL	10μL
5× 2nd Strand Buffer	10μL	10μL
100× BSA	1μL	1μL
dNTPs (10mmol/L)	2.5μL	2.5μL
dH₂O	23.5μL	23.5μL
Klenow 酶(1U/μL)	3μL	3μL
总体积	50μL	50μL

37℃孵育30min，用LoTE补至总体积200μL。用等体积PC8抽提，再用乙醇沉淀。4℃，12000r/min，离心30min，弃上清，用70％乙醇漂洗两次，静置待乙醇挥发完全。最后用6μL LoTE重悬。

4. 连接形成双标签（Ditags）

按下列组分配制体系。

组分	连接反应	阴性对照
平末端样品1	2μL	2μL
平末端样品2	2μL	2μL
5× Ligase Buffer	1.2μL	1.2μL
T4 Ligase（high conc 5U/μL）	0.8μL	0μL
dH$_2$O	0μL	0.8μL
总体积	6μL	6μL

16℃过夜，补14μL LoTE至20μL，立刻进行下一步或−20℃保存。

5. PCR扩增双标签（Ditags）

（1）合成PCR引物1和引物2

Primer 1：5′GGA TTT GCT GGT GCA GTA CA 3′

Primer 2：5′CTG CTC GAA TTC AAG CTT CT 3′

（2）按下列组分配制PCR反应体系

组分	1个反应	10个反应
10× PCR Buffer	5μL	50μL
DMSO	3μL	30μL
10mmol/L dNTPs	1μL	10μL
Primer 1(350ng/μL)	1μL	10μL
Primer 2(350ng/μL)	1μL	10μL
ddH$_2$O	30.5μL	305μL
Platinum Taq(5U/μL)	1μL	10μL
Ligation Product(不同稀释比例)	1μL	

将10个反应体系Mix分装至10个PCR管，每管49μL。将不同稀释比例的连接产物加入至PCR体系。加入30μL矿物油。

（3）按下列程序进行PCR反应

循环数	温度/时间
1	94℃，1 min
26～30	94℃ 30s；55℃ 1min；70℃ 1min
1	70℃ 5min

（4）用12％聚丙烯酰胺凝胶电泳PCR产物，如图3-11。

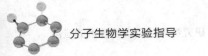

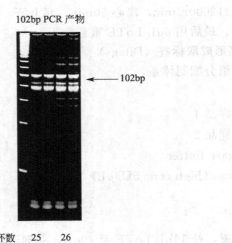

102bp PCR 产物

←102bp

循环数　25　26

图 3-11　实验结果

目标产物 102bp，为途中箭头所示。根据目标条带优化 PCR 反应条件。将优化后的 PCR 条件扩大至约 300 的反应（3 个 96 孔 PCR 板），每个反应 50μL 体系。

6. 分离纯化双标签

（1）回收 PCR 产物至 8 个 Ep 管，每管约 450μL。用等体积 PC8 抽提，乙醇沉淀，70％乙醇漂洗 2 次，最后用 216μL LoTE 重悬终产物。

（2）加入 54μL 5×上样缓冲液（约 270μL），12％聚丙烯酰胺凝胶电泳，160V 电压 3h 20min。SYBR Green Ⅰ染色 15min。

（3）切胶回收 102bp 大小的条带，最终溶于约 90μL LoTE。

（4）用锚定酶酶切产物

组分	管
PCR 产物	90μL
LoTE	226μL
10× NEB Buffer 4	40μL
BSA（100×）	4μL
Nla Ⅲ（10U/μL）	40μL

37℃孵育 1h。12％聚丙烯酰胺凝胶电泳，回收 26bp 片段，最终重悬至 7.5μL TE，即得到双标签。

7. 双标签随机连接形成串联子（concatemers）

按下列组分配置体系。

组分　　　　　　　　　　　　　　　　　　　　　　　　管

Pooled purfied ditags	7μL
5× Ligation Buffer（BRL）	2μL
T4 Ligase	1μL

16℃孵育1～3h，加入2.5μL 5×上样缓冲液，65℃ 5min后冰上静置。8％聚丙烯酰胺凝胶电泳，130V，3h。回收600～1200bp区域和1200～2500bp区域。实验结果如图3-12所示。

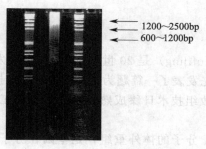

　　　　　　　←1200～2500bp
　　　　　　　←600～1200bp

图3-12　实验结果

8. 克隆串联子和测序，及计算机辅助分析

9. 克隆串联子到SphI酶切的pZero载体上，测定串联子的序列

测序结果采用SAGE软件包进行分析，获得标签序列及其丰度信息，每个标签可通过与GenBank数据库或者EST数据库数据进行对比，从而可确认其代表的基因。

五、注意事项

RNA相关实验步骤须严格控制RNA酶污染。每步分子实验须严格对照。

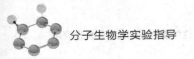 实验 13 DNA 改组技术

一、实验目的

学习利用 DNA shuffling 技术进行高通量的突变、筛选，以产生有新功能的表达产物。

二、实验原理

DNA 改组（DNA shuffling）是 20 世纪 90 年代中期发展起来的一种新技术。1994 年，Stemmer 等首先发表了一篇题为《用 DNA 改组技术体外快速进化蛋白》的论文，近年来，DNA 改组技术日臻成熟，推动了生物工程的诸多领域突飞猛进地向前发展。

DNA 改组是指 DNA 分子的体外重组，是基因在分子水平上进行的有性重组（sexual recombination），通过改变单个基因或基因家族原有的核苷酸序列，创造新基因并赋予表达产物以新功能。该技术是一种分子水平上的定向进化（directed evolution），因此也称为分子育种。它是一种高通量的突变、筛选技术，又称为 DNA 改组。它是将一组同源基因用 DNase I 或其他方法消化成随机小片段，再让这些随机小片段在无引物的条件下互为引物和模板进行 PCR 重组，然后在有引物的条件下将重组的模板扩增出来。操作时，首先通过一些传统的诱变方法得到一个突变体库，然后将库中获得的正向突变菌株进行原生质体融合，造成多基因的重组，最后从得到的突变体库中筛选出目的菌株即可。这项技术也被称之为原生质体融合育种，具体操作时可以进行多轮递推融合的方法最终实现育种的目的，可大大缩短育种周期、增加获得优产突变体的几率。

利用 DNA shuffling 技术对同源基因进行改组，其具体原理可分为以下几个步骤。

（1）使用传统 PCR 获得各种所需的 DNA 序列。

（2）利用 DNase I 处理消化目的序列使其变成随机小片段。

（3）将随机小片段利用无引物 PCR 进行体外重组。

（4）用有引物 PCR 扩增第三步产生的重组序列。

（5）将扩增的目的片段连接到一定性质的载体中，转化并鉴定，建立克隆库。

（6）将目的克隆库在一定的筛选压力下，进行体内或体外筛选。

三、实验仪器、材料及试剂

1. 仪器

离心机、超净工作台、恒温水浴锅、电泳槽、电泳仪、PCR 仪、移液枪、凝

胶成像仪、生化培养箱等。

2. 试剂

PCR 产物回收试剂盒、溴化乙锭、胶回收试剂盒、琼脂粉、琼脂糖、高保真 Pfu 聚合酶、0.22μm 滤膜、限制性内切酶等。

四、实验步骤

（1）使用传统 PCR 获得各种所需的 DNA 序列

PCR 的体系如下。

模板	引物 1	引物 2	Buffer	dNTP	MgSO₄	Taq 酶	H₂O	总体积
1μL	1μL	1μL	5μL	5μL	2μL	1μL	34μL	50μL

PCR 反应的条件如下。

$$94℃ \quad 3min$$
$$94℃ \quad 30s$$
$$40℃ \quad 30s \left.\right\} 40 个循环$$
$$68℃ \quad 2min 40s$$
$$68℃ \quad 10min$$
$$4℃ \quad forever$$

（2）将上面 PCR 所得的产物跑琼脂糖凝胶电泳，使用 1% 的胶，在紫外灯下割胶回收目的条带，再用胶回收试剂盒回收，并用紫外分光光度计测定浓度。

胶回收步骤如下。

① 取一个新的 HiBind DNA 结合柱装在收集管中，吸取 200μL 的 Buffle GPS 平衡缓冲液至柱子中，室温放置 3～5min。

② 室温下，12000r/min 离心 2min，弃去滤液，把 HiBind DNA 柱子重新装在收集管中。

③ 加入 700μL 灭菌水至柱子中，室温下，12000r/min 离心 2min，弃去滤液。

④ 将回收胶放入 1.5mLEp 管，称量，按质量 0.1g 加 0.1mL 的比例加入 Binding Buffle(XP2)，放入 56℃水浴中溶胶 10min 左右。

⑤ 待胶全部溶解后，将 Ep 管中的溶液摇匀，取 700μL 加入到 HiBind DNA 柱子中，12000r/min 离心 1min，弃去滤液，当 Ep 管中的溶液大于 700μL，在柱子能承受的范围内每次加入 700μL 的胶溶液到 HiBind DNA 柱子中，每次都室温 12000r/min 离心 1min。

⑥ 待收集好 DNA，加入 300μL 的 Binding Buffle(XP2)，室温 12000r/min 离心 1min，弃去滤液。

⑦ 再加入 700μL 的 SPW Wash Buffle，室温 12000r/min 离心 1min，弃去滤液，重复此操作一次。

⑧ 将空柱子室温 12000r/min 离心 2min，弃去收集管，将柱子放入一个新的灭菌 Ep 管中。

⑨ 向柱子中加入 30～50μL 的 Elution Buffle，静止 1min，室温 12000r/min 离心 1min。

⑩ 将回收的 Elution Buffle 再次加入柱子中 12000r/min 离心 1min，再次洗脱。

（3）Dnase I 酶切

① 将所得的 PCR 产物进行 DNaseI 酶切，酶切之前先将产物放在 6～8℃冰浴中 5min，然后，先根据 PCR 产物的体积加入 10%体积的 Reaction Buffer，用移液器混匀后，再根据 PCR 产物的浓度和体积计算加入 0.01U 的 DNaseI，移液枪混匀酶切 70～90s（酶切时间应随着室温改变），然后加入总体积 10%的 Stop Buffer，放入 85℃水浴中，混匀，灭活 10min。

② 酶切产物用 1.2%～1.5%的琼脂糖凝胶鉴定并回收 200～1000bp 的片段，体积一般在 70～100μL 并测浓度，有效浓度≥250ng/μL。将回收产物做无引物 PCR 重组反应，模板浓度≥50ng/μL。

（4）将随机小片段利用无引物 PCR 进行体外重组

PCR 的体系如下。

模板	Buffer	dNTP	Pfu 酶	H$_2$O	总体积
3μL	2μL	2μL	0.5μL	12.5μL	20μL

PCR 反应的条件如下。

$$
\left.
\begin{array}{ll}
96℃ & 2min \\
94℃ & 1min \\
52℃ & 1min \\
72℃ & 4min
\end{array}
\right\} 30 个循环
$$

72℃   10min

4℃   forever

产物取 5μL 做 1%凝胶电泳实验鉴定。将 shuffling 后的目的产物全部做琼脂糖凝胶电泳实验，将目的条带和目的条带以上的非特异性拖带分别各自用胶回收试剂盒进行 PCR 产物直接回收。

PCR 产物直接回收步骤如下。

① 将 PCR 产物收集到 1.5mL 的 Ep 管中，按照产物的体积加入两倍体积的 NT 溶液，混匀。

② 将 Ep 管中的液体加入回收柱中，12000r/min 离心 1min，弃去滤液。

③ 向回收柱中加入 700μL 的 NT3 溶液，12000r/min 离心 1min，弃去滤液。

④ 再将空的回收柱 12000r/min 离心 2min。

⑤ 将回收柱放入新的 1.5mL 的 Ep 管中，加入提前预热的 NE 溶液 20～50μL，12000r/min 离心 1min。

⑥ 将回收的 NE 再次加入柱子中 12000r/min 离心 1min，再次洗脱。

（5）用有引物 PCR 扩增第三步产生的重组序列

PCR 体系与步骤 1 同，程序与步骤 3 同。

（6）将扩增的目的片段连接到一定性质的载体中，转化并鉴定，建立克隆库。

将回收目的片段和非特异性拖带进行限制性酶切，酶切 6h，酶切体系如下。

回收片段	Buffer	酶 1	酶 2	H$_2$O	总体积
20μL	5μL	1μL	1μL	23μL	50μL

最后将载体进行制备并同样进行酶切，连接，转化并进行鉴定，具体步骤见本书前面章节。

五、思考题

（1）为什么要采用无引物 PCR 进行扩增？

（2）在回收目的片段和非特异性拖带时，为什么采用 PCR 直接回收的方法？

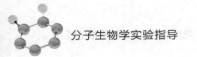

实验 14　蛋白质糖基化及磷酸化研究

一、实验目的

了解蛋白质糖基化和磷酸化修饰的原理，掌握研究蛋白质糖基化及磷酸化的组学方法。

二、实验原理

糖基化是最重要的蛋白质翻译后修饰方式之一，指在肽链合成的同时或合成后，在酶的催化下将糖链接到蛋白质肽链上的特定糖基化位点的过程，该过程主要分4步：①将膳食糖类如葡萄糖等摄入细胞；②通过一系列磷酸化、乙酰化和差向异构化等反应，使这些糖类转变成多种复杂的高能核苷酸糖供体；③细胞在内质网和高尔基体内，以这些高能核苷酸糖为原料，合成更为复杂的碳水化合物，亦即糖链；④将糖链连接于蛋白质肽链上，并将该蛋白转运到细胞内特定位置发挥其功能作用。连接有糖链的蛋白质称为糖蛋白。根据糖链和蛋白质结合位点和方式的不同，真核生物中蛋白质的糖基化类型主要可分为两类：N-糖基化（N-linked glycosylation）和 O-糖基化（O-linked glycosylation）。前者是糖链与蛋白 Asn-XXX-Ser/Thr 序列子（XXX 为除脯氨酸以外的氨基酸）中 Asn 残基上的—NH_2 相连，后者则是糖链与蛋白 Ser/Thr 残基上的—OH 相连。常见 N-糖基化和 O-糖基化过程均是在相应的糖基转移酶（glycosyltransferases）和糖苷酶（glycosidases）的调节下，在内质网和高尔基体中有序进行，其中糖链的合成和连接有糖基转移酶介导，水解则有糖苷酶催化，二者共同决定了蛋白上糖链的最终结构，而特定糖基转移酶和糖苷酶的表达水平将影响细胞内蛋白糖基化的具体修饰方式。

与糖基化相同，磷酸化修饰也是常见的蛋白质翻译后修饰方式之一，指蛋白上的酪氨酸、丝氨酸或苏氨酸残基共价连接磷酸根基团的过程，该修饰是一个可逆的过程，分别由磷酸激酶和磷酸酶催化蛋白质的磷酸化和去磷酸化。磷酸化修饰具有单一性、灵活性和可逆性，是真核细胞生命活动最重要的调节方式之一。人类基因组编码的蛋白中，预计有 30% 受到磷酸化的调节。在这一过程中，磷酸化和去磷酸化发挥着相反的调节作用。通过这一可逆的调节过程，细胞内的蛋白（主要是酶和受体蛋白）发生空间构象的改变而导致生物学功能的开启或关闭。磷酸化修饰几乎调节了靶蛋白各方面的功能，例如调节蛋白生物活性、调节蛋白稳定性和降解过程、调节蛋白在亚细胞区室间的运输以及调节蛋白与蛋白之间的相互作用等，从而参与了细胞生长、分化、分裂及细胞间连接等生理过程。

鉴于糖基化和磷酸化对蛋白、细胞、组织乃至机体功能的强大调节作用，学者很早就开始了相应的研究，不过之前的研究大多是直线式的研究，即信号刺激—单一的酶—酶底物改变—功能改变。而在实际中，细胞内的信号传导及生命过程很少是经过这样的单一线性方式调控的，更多的是相互之间具有精密联系的网状调控模式。但是，近年来蛋白组学技术的飞速发展，特别是其中质谱检测技术和方法的不断更新，为我们提供了高通量大规模研究的条件，也使得我们能描绘出细胞调控网络的整体蓝图。

对于糖蛋白组学来讲，Zhang 等人发现糖链中至少含有一个羟基集团，用高碘酸盐将糖蛋白中的羟基氧化成醛基，再通过醛基与酰肼基团反应的特性，用连接有酰肼基团的固载物将糖蛋白富集，而非糖蛋白由于不会产生醛基从而被洗脱掉，随后经过胰酶消化和糖苷酶酶切，将得到的去除糖链后的糖肽送质谱检测。由于在糖苷酶处理之前，糖肽已标记有不同的同位素标记，带有不同标记的相同糖肽之间会产生 4 个单位的质量差，利用这个质量差，质谱可对不同样品的糖蛋白进行定量对比，另一种方法利用了凝集素伴刀豆球蛋白 a 的特异性，选择性的对细胞中的 N-糖蛋白进行检测和定量，此方法的优势在于可以利用凝集素与糖链结合的特异性，针对性的选择相应的凝集素来富集自己的目的糖蛋白。虽然蛋白糖基化修饰有多种类型，但是其最主要的修饰方式是 N-糖基化，相对其他类型糖基化修饰而言，N-糖基化具有更好的规律性，而目前对于 N-糖基化的研究技术方法也最为丰富和成熟，因此本文主要研究蛋白质的 N-糖基化。

对于磷酸蛋白组学而言，现在更多的使用基于质谱技术的研究模式，不同的处理样品（如敲除某特定的激酶、对细胞添加某种刺激等）经过相应的磷酸肽富集方法将其中的磷酸蛋白富集出来，目前最常用的富集方法是利用酸碱反应的原理，用金属离子富集磷酸蛋白，富集后的磷酸蛋白同样经过胰酶消化、标记等处理过程，送经质谱检测，最后得出蛋白的磷酸化信息和定量信息。

三、实验仪器、材料及试剂

1. 仪器

SpeedVac 冻干仪、LTQ Orbitrap LC-MS/MS 质谱仪、Oasis HLB 固相萃取柱、离子交换柱、通风橱等。

2. 试剂

100mmol/L TEAB 液、20mmol/L DTT、40mmol/L IAA 、5mmol/L NaIO$_4$、胰酶、0.1%TFA、10%TFA、80%ACN、NaCl(150mmol/L)、CH$_3$COONa(100mmol/L)、Hydrazide Gel、甲醇、100mmol/L NH$_4$HCO$_3$、PNGase F 酶、PBS（50mmol/L）、甲醛同位素(4%)1%NH$_3$·H$_2$O、固载 Ti^{4+} 的 IMAC 磁珠、乙酸铵盐（pH2.7）等。

四、实验步骤

1. 蛋白质糖基化研究

（1）蛋白酶解

① 取 1mg 蛋白样品，用 100mmol/L TEAB 液（pH7.9）稀释到适量体积。注：确保溶液中尿素终浓度＜2mol/L。

② 稀释后的蛋白液中加入终浓度 20mmol/LDTT，室温 2h 或者 56℃ 1h，然后加入终浓度 40mmol/L IAA 液以中和多余 DTT，室温避光，40min。（注：DTT 变性温度需低于 60℃；IAA 对光敏感，现用现配，反应需避光。）

③ 变性蛋白溶液中加入胰酶（蛋白质：胰酶＝25∶1；质量比），37℃振荡过夜。注：为保证效果，酶解时间一般＞16h。

（2）肽段氧化及除盐

① 蛋白酶解后得到的肽段中加入终浓度为 5mmoL/L 的 $NaIO_4$，25℃振荡 1h，避光。

② 先用 3mL 甲醇激活 Oasis HLB 固相萃取柱，再用 3mL 0.1％TFA 溶液洗涤萃取柱。

③ 将氧化后的肽段溶液加入萃取柱，并用 0.1％TFA 将离心管洗一遍再次上样，弃洗脱液。洗脱完毕后，用 3mL 0.1％TFA 洗涤萃取柱，弃洗脱液。

④ 用 300μL 80％ACN＋0.1％TFA 分 3 次洗脱，收集洗脱液。SpeedVac 冻干仪内冻干，产物−20℃保存备用。

（3）糖肽富集和酶解

① 将冻干样品分别用 400μL 的 NaC（1150mmol/L）＋ NaA（100mmol/L）复溶，加入 100μL Hydrazide Gel，25℃摇床反应过夜以富集糖肽。（1mg 蛋白使用 100μL Hydrazide Gel）。

② 1000r/min，室温离心 3min，弃上清。加入 1mL 150mmol/L NaCl 溶液，25℃摇床振荡洗涤 1h 后，离心，弃上清以洗脱非糖肽。重复 3 次。

③ 加入 1mL 甲醇，25℃摇床振荡洗涤 1h 后，离心，弃上清。重复 3 次。

④ 加入 1mL 100mmol/L NH_4HCO_3 溶液，25℃摇床振荡洗涤 1h 后，离心，弃上清。重复 2 次，第 3 次洗涤过夜。

⑤ 离心，弃上清，按 500U∶1mg 蛋白的比例分别加入 PNGase F 酶 500U（溶于 300μL 100mmol/L NH_4HCO_3 溶液中，pH＝7.8～8.0），37℃摇床振荡过夜，以去除糖肽上的糖链。

⑥ 离心，收集上清；分别用 200μL 100mmol/L NH_4HCO_3 溶液洗两遍，收集上清于同样 Ep 管中；然后用 200μL 80％ACN 洗一遍，收集上清。

⑦ Oasis HLB 固相萃取柱活化洗涤同前，将上清上柱，600μL 80％ACN＋0.1％TFA 洗脱，收集洗脱液冻干，−20℃保存备用。

（4）同位素标记

① 将上面冻干样品分别用 200μL 的 PBS（50mmol/L）复溶，加入 8μL 甲醛同位素（4％）标记试剂，室温振荡 1h。

② 按 16μL/25μg 蛋白的比例加入 1％$NH_3 \cdot H_2O$ 溶液，室温振荡 15min 以终

止标记反应。

③ 于通风橱中，向反应液中加入 10%TFA 溶液酸化，中和多余氨并调整 pH 值在 2～3 之间，冰浴下进行。

④ 将不同细胞系得到的标记后样品按 1∶1∶1 混合，使用 Oasis HLB 固相萃取柱除盐、洗脱并冻干，样品保存于−20℃备用，步骤同前。

（5）质谱分离检测糖肽样品

① 将前面冻干样品用 30μL 的 FA（0.1%）复溶，加入至 2D nanoLC-MS/MS 系统的自动进样装置，自动上样至强离子交换整体柱。

② 设置乙酸铵盐（pH2.7）洗脱浓度梯度，共 10 个梯度，浓度分别为 50mmol/L、100mmol/L、150mmol/L、200mmol/L、250mmol/L、300mmol/L、350mmol/L、400mmol/L、500mmol/L 和 1000mmol/L。

③ 用 LTQ Orbitrap LC-MS/MS 质谱仪进行分析，样品采用 nano-ESI 电解离方式，PMF 质量扫描范围为 400～2000m/z，选择信噪比大于 500 的母离子进行二级质谱（MS/MS）分析。

（6）数据库检索

质谱采集到的数据经由 DTA Supercharge 软件转换为 ∗.mgf 格式的文件，然后经 Mascot 软件进行蛋白数据库检索。由于不同细胞系的样品分别有不同的同位素标记，根据由此造成的质量差可以对不同细胞系来源的同序列肽段进行定量分析。

2. 蛋白质磷酸化研究

（1）蛋白酶解（同前）

（2）同位素标记

① 将酶解肽段用 50mmol/L PBS 缓冲液稀释至 250μg/mL，分别加入甲醛同位素（4%）标记试剂，室温振荡 1h。标记液使用量均为 4μL/25μg 蛋白。

② 按 16μL/25μg 蛋白的比例加入 1%$NH_3 \cdot H_2O$ 溶液，室温振荡 15min 以终止标记反应。

③ 于通风橱中，向反应液中加入 10%TFA 溶液酸化，中和多余氨并调整 pH 值在 2～3 之间，冰浴下进行。

④ 将不同细胞系得到的标记后样品按 1∶1∶1 混合，使用 Oasis HLB 固相萃取柱除盐、洗脱并冻干，样品保存于−20℃备用，步骤同前。

（3）磷酸肽富集

① 将 10mg 固载 Ti^{4+} 的 IMAC 磁珠重悬于 1mL 的 80%ACN＋6%TFA 溶液。

② 按蛋白∶磁珠＝1∶10（质量比）的比例将蛋白液与磁珠悬浊液混合，室温振荡 30min，10000～30000r/min，室温离心 3min，弃去上清。

③ 加入同等体积的 50% ACN＋6%TFA＋20mmol/L NaCl 溶液，室温振荡 30min 洗涤后心，弃上清以去除非磷酸肽。

④ 加入两倍体积的 30％ ACN＋0.1％TFA，室温振荡 30min，离心去上清，重复 1 次。

⑤ 加入 0.2 倍体积的 10％ NH$_3$OH 溶液洗脱磷酸肽，室温振荡 15min，离心，收集上清，冻干后贮存于－20℃以备用。

（4）质谱分离检测磷酸肽样品

① 将前步的冻干样品用 30μL 的 FA(0.1％) 复溶，加入至 2D nanoLC-MS/MS 系统的自动进样装置，自动上样至 RP-SCX-RP 分离柱。

② 设置乙酸铵盐（pH2.7）洗脱浓度梯度，共 14 个梯度，浓度分别为 8mmol/L，16mmol/L，24mmol/L，32mmol/L，40mmol/L，48mmol/L，56mmol/L，64mmol/L，72mmol/L，80mmol/L，100mmol/L，120mmol/L，160mmol/L 和 500mmol/L。

③ 用 LTQ Orbitrap LC-MS/MS 质谱仪进行分析，样品采用 CID 电解离方式，PMF 质量扫描范围为 $400\sim2000m/z$，选择信噪比大于 500 的母离子进行二级质谱（MS/MS）分析。

（5）数据库检索

质谱采集到的数据经由 DTA Supercharge 软件（Version 2.0 a7）转换为＊.mgf 格式的文件，然后经 Mascot 软件（Version2.1）进行蛋白数据库检索。由于不同细胞系的样品分别有不同的同位素标记，根据由此造成的质量差可以使用 MSQuant 和 StatQuant（version 1.2.2）软件对不同细胞系来源的同序列肽段进行定量对比分析。生物信息学分析由 Ingenuity 软件完成。

五、思考题

（1）蛋白质糖基化及磷酸化对于生命活动有什么意义？
（2）蛋白质糖基化和磷酸化有什么关系？
（3）蛋白质发生磷酸化和糖基化后为什么能影响其结构和功能？

实验 15　免疫共沉淀

一、实验目的

（1）学习免疫共沉淀的实验原理。

（2）掌握免疫共沉淀实验操作方法和分析方法。

二、实验原理

　　免疫共沉淀（co-immunoprecipitation）是以抗体和抗原之间的专一性作用为基础的用于研究蛋白质相互作用的经典方法。是确定两种蛋白质在完整细胞内生理性相互作用的有效方法。其原理是：当细胞在非变性条件下被裂解时，完整细胞内存在的许多蛋白质-蛋白质间的相互作用被保留了下来。如果用蛋白质 X 的抗体免疫沉淀 X，那么与 X 在体内结合的蛋白质 Y 也能沉淀下来。目前多用精制的蛋白 A 预先结合固化在琼脂糖珠上，使之与含有抗原的溶液及抗体反应后，琼脂糖珠上的蛋白 A 就能吸附抗原达到精制的目的。这种方法常用于测定两种目标蛋白质是否在体内结合；也可用于确定一种特定蛋白质的新的作用搭档。

三、实验仪器、材料及试剂

1. 仪器

离心机，移液枪，电泳设备。

2. 材料

细胞，细胞刮子（用保鲜膜包好后，埋冰下），培养瓶，培养皿，1.5mL 离心管若干。

3. 试剂

蛋白 A 琼脂糖珠，抗体，SDS-PAGE 相关试剂，PBS，RIPA Buffer 等。

4. 主要试剂的配制

500mL RIPA 缓冲液（最终浓度）

1mol/L Tris-HCl(pH7.4)	5mL(10mmol/L)
5mol/L NaCl	15mL(150mmol/L)
0.5mol/L EDTA(PH7.4)	5mL(5mmol/L)
20%Triton X-100	25mL(1%)
10%DOC	50mL(1%)
10%SDS	5mL(0.1%)

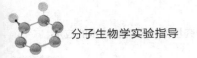

TLCK	18.5mg(0.1mmol/L)
TPCK	35mg(0.2mmol/L)
双蒸水	395mL

使用之前加 1mmol/L PMSF（PMSF 溶在酒精，浓度 100mmol/L），−20℃ 遮光保存（注意不易溶于水）。

四、实验步骤

（1）转染后 24～48h，收集细胞，用预冷的 PBS 洗涤细胞两次，最后一次吸干 PBS。

（2）加入预冷的 RIPA Buffer（1mL/10^7 个细胞、10cm 培养皿或 150cm² 培养瓶，0.5mL/5×10^6 个细胞、6cm 培养皿、75cm² 培养瓶）。

（3）用预冷的细胞刮子将细胞从培养皿或培养瓶上刮下，把悬液转到 1.5mLEp 管中，4℃，缓慢晃动 15min（Ep 管插冰上，置水平摇床上）。

（4）4℃，14000r/min，离心 15min，立即将上清转移到一个新的离心管中。

（5）准备蛋白 A 琼脂糖珠，用 PBS 洗两遍珠子，然后用 PBS 配制成 50％浓度，建议减掉枪尖部分，避免在涉及琼脂糖珠的操作中破坏琼脂糖珠。

（6）每 1mL 总蛋白中加入 100μL 蛋白 A 琼脂糖珠（50％），4℃ 摇晃 10min（Ep 管插冰上，置水平摇床上），以去除非特异性杂蛋白，降低背景。

（7）4℃，14000r/min，离心 15min，将上清转移到新的离心管中，去除蛋白 A 珠子。

（8）（Bradford 法）做蛋白标准曲线，测定蛋白浓度，测前将总蛋白至少稀释 1：10 倍以上，以减少细胞裂解液中去垢剂的影响（定量，分装后，可以在−20℃ 保存一个月）。

（9）用 PBS 将总蛋白稀释到约 1μg/μL，以降低裂解液中去垢剂的浓度，如果兴趣蛋白在细胞中含量较低，则总蛋白浓度应该稍高（如 10μg/μL）。

（10）加入一定体积的兔抗到 500μL 总蛋白中，抗体的稀释比例因兴趣蛋白在不同细胞系中的多少而异。

（11）4℃缓慢摇动抗原抗体混合物过夜或室温 2h，激酶或磷酸酯酶活性分析建议室温下孵育 2h。

（12）加入 100μL 蛋白 A 琼脂糖珠来捕捉抗原抗体复合物，4℃缓慢摇动抗原抗体混合物过夜或室温 1h，如果所用抗体为鼠抗或鸡抗，建议加 2μL "过渡抗体"（兔抗鼠 IgG，兔抗鸡 IgG）。

（13）14000r/min 瞬时离心 5s，收集琼脂糖珠-抗原抗体复合物，去上清，用预冷的 RIPA Buffer 洗 3 遍，800μL/遍，RIPA Buffer 有时候会破坏琼脂糖珠-抗原抗体复合物内部的结合，可以使用 PBS。

（14）用 $60\mu L$ 2×上样缓冲液将琼脂糖珠-抗原抗体复合物悬起，轻轻混匀，缓冲液的量依据上样多少的需要而定。

（15）将上样样品开水煮 5min，以游离抗原、抗体、珠子，离心，将上清进行电泳电泳，收集剩余琼脂糖珠，上清也可以暂时冻存在－20℃，留待以后电泳，电泳前应再次煮 5min 变性。

（16）SDS-PAGE，Western 吸印或质谱仪分析。通过免疫共沉淀确定结合蛋白。

五、实验结果

观察显影结果，分析待测蛋白质成分及相对表达量，并对实验结果的可能原因进行分析。

六、注意事项

（1）细胞裂解采用温和的裂解条件，不能破坏细胞内存在的所有蛋白质-蛋白质相互作用，多采用非离子变性剂（NP40 或 Triton X-100）。每种细胞的裂解条件是不一样的，需通过经验确定。

（2）使用明确的抗体，可以将几种抗体共同使用。

（3）使用对照抗体：单克隆抗体：正常小鼠的 IgG 或另一类单抗，兔多克隆抗体：正常兔 IgG。

（4）确保共沉淀的蛋白是由所加入的抗体沉淀得到的，而并非外源非特异蛋白，单克隆抗体的使用有助于避免污染的发生。

（5）要确保抗体的特异性，即在不表达抗原的细胞溶解物中添加抗体后不会引起共沉淀。

（6）确定蛋白间的相互作用是发生在细胞中，而不是由于细胞的溶解才发生的，这需要进行蛋白质的定位来确定。

七、思考题

（1）免疫共沉淀技术在分析基因功能研究中有哪些应用？

（2）抗体的选择对免疫共沉淀结果的影响？

（3）免疫共沉淀技术的优缺点有哪些？

实验 16　GST pull-down 技术研究蛋白质互相作用

一、实验目的

（1）学习 GST pull-down 的实验原理。

（2）掌握 GST pull-down 的实验方法和分析方法。

二、实验原理

GST pull-down 实验是一个行之有效的验证酵母双杂交系统的体外实验技术，其基本原理是将靶蛋白-GST（glutathione-S-transferase 谷胱甘肽巯基转移酶）融合蛋白亲和固化在谷胱甘肽亲和树脂上，作为与目的蛋白亲和的支撑物，充当一种"诱饵蛋白"，当目的蛋白溶液经过树脂柱时，"诱饵蛋白"可从中捕获与之相互作用的"捕获蛋白"（目的蛋白），洗脱结合物后通过 SDS-PAGE 电泳分析，从而证实两种蛋白间的相互作用或筛选相应的目的蛋白，"诱饵蛋白"和"捕获蛋白"均可通过细胞裂解物、纯化的蛋白、表达系统以及体外转录翻译系统等方法获得。

三、实验仪器、材料及试剂

1. 仪器

台式离心机、振荡器、超离心过滤微孔、水浴锅、超声破碎仪等。

2. 材料

pGEX 载体、待测蛋白样品。

3. 试剂

IPTG、PBS、异丙醇、乙醇、Triton X-100、SDS-PAGE、胰蛋白胨、NaCl、NaOH、Tris-HCl、NaVO$_3$、琼脂粉、苯甲基磺酰氟（PMSF）、细胞组织裂解液（NP-40）、去氧胆酸钠、考马斯亮蓝、溶菌酶、谷胱甘肽琼脂糖凝胶 4B、蛋白酶抑制剂、磷酸化酶抑制剂、2×YTA、洗脱缓冲液、裂解缓冲液等。

4. 主要试剂的配制

（1）2×YTA

胰蛋白胨	16g/L
酵母提取物	10g/L
NaCl	5g/L
相应抗生素	
pH7.0	

（2）裂解缓冲液配方

1× PBS（pH 7.4），1% Triton X-100，1×蛋白酶抑制剂，1×磷酸酶抑制剂，1mmol/L PMSF，1mmol/L NaVO$_3$，或 50mmol/L Tris-HCl（pH7.5），150mmol/L NaCl，1mmol/L EDTA；使用时加入 0.3mmol/L DTT，0.1% NP-40，蛋白酶抑制剂。

（3）洗脱缓冲液配方

50mmol/L Tris-HCl（pH7.6），10mmol/L EDTA，1mmol/L DTT，5mmol/L MgCl$_2$，500mmol/L NaCl。

四、实验步骤

（1）重组诱饵蛋白的获得，将连接有抗菌肽 ECD 的 pGEX 载体的克隆接种到 2mL 2× YTA（含有 Amp）的培养基，并设置一个装有空载体的空白对照，37℃ 摇床培养 12～15h。

（2）取 500μL 培养物稀释 40 倍，继续 37℃培养 3～5h，使 600nm 的吸光值在 0.6～0.8，扩繁 5 瓶左右。

（3）每 mL 培养物加入 1～10μL 的 IPTG（100mmol/L），至其终浓度为 1mmol/L，37℃摇荡诱导培养 5h。

（4）将培养物转至 1.5mL 离心管中，瞬时离心 5s，弃上清，将离心管放置冰上，取 50μL 预先冰浴的 1×PBS 重悬沉淀，取出 500μL 诱导菌液及未诱导菌液进行 SDS-PAGE 表达验证。

（5）剩余菌液 5000g 离心 5min，去除培养基，然后每 100μL 菌液加 1μL 预冷细胞裂解缓冲液（10mg/mL），冰上进行超声波细胞破碎（4s、9s、4min），3000r/min，离心 15min，取上清，冰上备用。

（6）取出一个干净的色谱柱，用剪了头的移液器吸取 1mL 摇匀了的 Glutathione Sepharose 4B 珠子于柱子中，加入 4mL 的裂解缓冲液，温和平衡珠子，4℃，1300r/min，离心 30s，去除裂解缓冲液，重复至少 5 次。因为珠子的平衡程度与蛋白的亲和程度有着直接的关系。

（7）将准备好的带 GST 标签的融合蛋白细胞裂解液加入到准备好的珠子中，冰上温和缓慢摇滚孵育 1h，4℃，重力自然过柱，直至所有的细胞裂解液全部过柱（控制在 3h 之内）。

（8）4℃，1300r/min，离心 30s 去除裂解液，再加入 4mL 裂解缓冲液温和摇滚数次，4℃，1300r/min，离心去除缓冲液，重复不少于 5 次，确保杂蛋白去除干净。

（9）待测样品总蛋白提取。

（10）取出获得的挂着诱饵蛋白的柱子，加入所获得的待测样品总蛋白溶液，温和翻滚 1h，重力自然过柱，直至所有的溶液全部过柱。总的结合反应不要超过 5h。

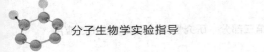

（11）4℃，1300r/min，离心 30s 去除植物总蛋白溶液，再加入 4mL 植物总蛋白提取缓冲液，温和摇滚数次，4℃，1300r/min 离心去除缓冲液，重复不少于 5 次，确保杂蛋白去除。

（12）在柱子中加入 1mL 的洗脱缓冲液，温和摇滚数次，4℃，1300r/min，离心收集缓冲液，冰上备用，重复 3 次，将收集到的缓冲液集中在一个离心管中置冰上备用。

（13）洗脱后蛋白的浓缩脱盐：将洗脱液分次加入到浓缩离心柱上，14000r/min，离心 10min，最后一次离心 30min。

（14）加入 400μL 低盐离子浓度缓冲液于柱子上，4℃，14000r/min，离心 10min，重复 3 次。最后收集浓缩靶蛋白溶液。

（15）SDS-PAGE 分析亲和差异。

五、实验结果

SDS-PAGE 检测互作蛋白，根据跑胶结果选择差异条带区域（最好找出更多的差异蛋白条带），用超干净的手术刀切下差异条带进行回收，以备进一步的分析。

六、注意事项

（1）蛋白质的质量和纯度都会很大程度地影响实验结果，所以在操作上要小心，谨防外源蛋白的污染以及使用纯度高的药品是实验成功所必须的条件。

（2）在整个过柱的操作中，动作一定要温和。

（3）SDS-PAGE 点样时，要设置好对照，这样才能准确选择差异条带。

（4）所有实验均需佩戴手套。

七、思考题

（1）GST pull down 实验结果的主要影响因素有哪些？

（2）免疫共沉淀与 GST pull down 各有何优缺点？

实验 17　酵母双杂交系统钓取与某一蛋白互相作用的蛋白

一、实验目的

（1）学习检测蛋白质相互作用的技术方法。

（2）掌握酵母双杂交的基本原理与技术流程。

（3）了解酵母双杂交的主要操作步骤。

（4）了解酵母双杂交系统的应用。

二、实验原理

1989 年 Fields 和 Song 等人根据当时人们对真核生物转录起始过程调控的认识提出并建立了酵母双杂交系统。

当时的研究发现，细胞内基因转录的起始需要转录激活因子的参与，许多真核生物的转录激活因子都是由两个或两个以上相互独立的结构域构成，其中有 DNA 结合结构域（DNA binding domain，DB）和转录激活结构域（activation domain，AD），它们是转录激活因子发挥功能所必需的。单独的 DB 虽然能和启动子结合，但是不能激活转录。例如，酵母的转录激活因子 GAL4，在 N-端有一个由 147 个氨基酸组成的 DNA 结合域（BD），C-端有一个由 113 个氨基酸组成的转录激活域（AD）。GAL4 分子的 BD 可以和上游激活序列（upstream activating sequence，UAS）结合，而 AD 则能激活 UAS 下游的基因进行转录。但是，单独的 BD 不能激活基因转录，单独的 AD 也不能激活 UAS 的下游基因转录，它们之间只有通过某种方式结合在一起才具有完整的转录激活因子的功能。而不同转录激活因子的 DB 和 AD 形成的杂合蛋白仍然具有正常的激活转录的功能。

根据转录因子的这一特性，将 BD 与已知的诱饵蛋白质 X 融合，构建出 BD-X 质粒载体；将 AD 基因与 cDNA 文库，基因片段或基因突变体（以 Y 表示）融合，构建 AD-Y 质粒载体。两个穿梭质粒载体共转化至酵母体内表达。蛋白质 X 和 Y 的相互作用导致了 BD 与 AD 在空间上的接近，从而激活 UAS 下游启动子调节的酵母菌株特定报告基因（如 *LacZ*，*HIS3*，*LEU2*）等的表达，使转化体由于 *HIS3* 或 *LEU2* 表达而可在特定的缺陷培养基上生长，同时因 *LacZ* 表达而在 X-α-Gal 存在下显蓝色。

酵母双杂交的主要实验流程如下。

（1）视已知蛋白的 cDNA 序列为诱饵（bait），将其与 DNA 结合域融合，构建成诱饵质粒。

（2）将待筛选蛋白的 cDNA 序列与转录激活域融合，构建成文库质粒。

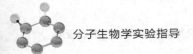

（3）将这两个质粒共转化于酵母细胞中。

（4）筛选。诱饵蛋白若能与待筛选的未知蛋白特异性地相互作用，则可激活报告基因的转录。反之则不能。利用报告基因的表达，便可捕捉到新的蛋白质。

三、实验仪器、材料及试剂

1. 仪器

微量取液器（2μL，20μL，200μL，1000μL）、低温离心机、台式离心机、琼脂糖凝胶电泳系统、蛋白凝胶电泳系统、凝胶成像系统、半干转移系统、恒温摇床、恒温孵箱、通风橱、制冰机、振荡器、恒温金属浴、无菌接种环等。

2. 材料

（1）载体质粒：pLexA、pB42AD、*p8op-LacZ*、pB42AD-DNA 文库。

（2）酵母菌株：EGY48、EGY48（*p8op-LacZ*）、YM4271（EGY48 的伴侣菌株）。

（3）大肠杆菌菌株：*E. coli* KC8 株。

（4）对照质粒

pLexA-53，pB42AD-T（阳性对照）

pLexA-Pos（LexA/GAL4 AD 融合蛋白）（阳性对照）

pLexA-Lam（LaminC 蛋白少与其他蛋白相互作用）（假阳性检测质粒）

（5）引物：pLexA 测序引物及 pB42AD 测序引物。

3. 试剂

（1）裂解缓冲液（Cracking Buffer）

尿素	8mol/L
SDS	5%
Tris-HCl（pH6.8）	40mmol/L
EDTA	0.1mmol/L
溴酚蓝	0.4mg/mL

（2）各种基础培养基和营养缺陷培养基

minimal SD base，minimal SD 琼脂基础培养基，YPD 培养基，YPD 琼脂培养基，-Leu DO supplement，-Trp DO supplement，-Leu/-Trp DO supplement，-Leu/-Trp/-His DO supplement，-Leu/-Trp/-His/-Ade DO supplement，腺苷酸（adenine），PEG8000，Carring DNA，二甲基亚砜（dimethyl sulfoxide，DMSO），TE/乙酸锂 buffur，PEG/乙酸锂，X-α-gal 或 X-β-gal。

（3）酵母质粒提取试剂盒，LB 培养基，羧苄青霉素和卡那霉素。

（4）DNA Marker、蛋白质 Marker。

（5）Z-Buffer（pH7.0）

Na$_2$HPO$_4$·7H$_2$O	16.1g/L
NaH$_2$PO$_4$·H$_2$O	5.5g/L

KCl	0.75g/L
MgSO$_4$·7H$_2$O	0.246g/L

（6）Z-Buffer/X-β-Gal 液体

Z-Buffer	100mL
β-巯基乙醇	0.27mL
X-β-Gal 储存液	1.67mL

（7）SD/-Ura，-His 液体培养基，115℃，101kPa 灭菌 15min。

Difco Nitrogen	0.67g
葡萄糖	2.00g
10×DO（-His，-Leu，-Trp，-Ura）	10.0mL
20×Leu	5.0mL
20×Trp	5.0mL
ddH$_2$O	→100.0mL

（8）YPD 液体培养基，115℃，101kPa 灭菌 15min。

Polypepton	6.0g
酵母提取物	3.0g
葡萄糖	6.0g
ddH$_2$O	→300mL

（9）SD/-Ura，-His，-Trp 固体培养基，115℃，101kPa 灭菌 15min。

Difco Nitrogen	13.40g
葡萄糖	40.00g
10×DO（-His，-Leu，-Trp，-Ura）	200.0mL
20×Leu	→100.0mL
琼脂	40.00g
ddH$_2$O	150mm→2000mL

（10）65％甘油-MgSO$_4$ 缓冲液。

甘油	65.00mL
MgSO$_4$·7H$_2$O	2.465g
2.0mol/L Tris-HCl（pH8.0）	1.25mL
ddH$_2$O	→100.00mL

（11）SD/Gal/Raf/-Ura，-His，-Trp，-Leu 固体诱导培养基。

SD/Gal/Raf	3.79g
10×DO（-His，-Leu，-Trp，-Ura）	10.0mL
琼脂	2.00g
ddH$_2$O	→85.0mL
10×BU	10.0mL

20mg/mL X-gal	0.4mL

(12) 10×BU 缓冲液，121℃，151kPa 灭菌 15min。

$Na_2HPO_4 \cdot 12H_2O$	9.30g
$NaH_2PO_4 \cdot 2H_2O$	3.90g
ddH_2O	→100.0mL

(13) 20mg/mL X-Gal。

X-Gal	40mg
DMF	2mL

(14) SD/-Trp 液体培养基，115℃，101kPa 灭菌 15min。

Difco Nitrogen	0.67g
葡萄糖	2.00g
10×DO (-His，-Leu，-Trp，-Ura)	10.0mL
20×His	5.0mL
20×Leu	5.0mL
20×Ura	5.0mL
ddH_2O	→100.0mL

(15) 酵母裂解液。

10% Triton X-100	20.0mL
10% SDS	10.0mL
NaCl	0.58g
Tris	0.12g
$EDTANa_2 \cdot 2H_2O$	0.04g
1.0mol/L HCl 调 pH8.0	
ddH_2O	→100.0mL

(16) 10×DO (-His，-Trp，-Leu，-Ura)

L-异亮氨酸	300mg
L-缬氨酸	1500mg
腺嘌呤	200mg
L-精氨酸盐酸盐	200mg
L-赖氨酸盐酸盐	300mg
L-甲硫氨酸	200mg
L-苯丙氨酸	500mg
L-苏氨酸	2000mg
L-酪氨酸	300mg

(17) 20×氨基酸储存液

20× L-组氨酸	40mg

20× L-色氨酸	40mg
20× L-亮氨酸	200mg
20× 尿嘧啶	40mg

(18) 酵母转化缓冲液

① 10×TE	100mL
Tris	1.21g
EDTANa$_2$·2H$_2$O	0.37g
ddH$_2$O	→80mL
盐酸调 pH7.5	
② 10×乙酸锂	100mL
乙酸锂·2H$_2$O	10.20g
ddH$_2$O	→50mL
冰乙酸调 pH7.5	

四、实验步骤

(1) 酵母的复苏与表型验证

① 复苏前 1~2d，配制 YPDA 琼脂并于高压灭菌后倒板。

② 用无菌接菌环在酵母冻存管中挑取一小团酵母细胞，接种到 YPDA 琼脂板上。

③ 30℃倒置培养 3~5d。

④ 待酵母菌落长到直径 2~3mm 后，将其接种到不同营养缺陷型培养基上进行表型验证。

(2) 报告基因 *p8op-LacZ* 转化酵母 EGY48 菌株

① 挑取一直径约 2~3mm 的酵母克隆接种到 0.5mL YPDA 培养基中，剧烈振荡使细胞凝块均匀分散。

② 将细胞转移到含有新鲜 YPDA 培养基的锥形瓶中。

③ 30℃，250r/min，振荡孵育 16~18h，直到稳定期 (OD$_{600}$>1.5)。

④ 将过夜培养物转移到含有新鲜 YPDA 培养基的锥形瓶中，进一步扩增酵母细胞，30℃，230~270r/min，振荡孵育使 OD$_{600}$值达到 0.5±0.1。

⑤ 将细胞转移到数个 50mL 离心管中，转速 1000r/min，室温离心 5min。

⑥ 去上清，加入 25~50mL 无菌 H$_2$O，振荡重悬、清洗并收集细胞。

⑦ 转速 1000r/min，室温离心 5min，弃上清。

⑧ 加入 1mL 新鲜配制的无菌 1×TE/乙酸锂重悬细胞。

⑨ 准备 1.5mL 无菌 Ep 管，在每个管中加入需要转染的质粒。

⑩ 加入经 1×TE/乙酸锂重悬的感受态细胞，轻柔混匀。

⑪ 每个管中加入适量体积的 1×PEG/乙酸锂，高速振荡混匀。

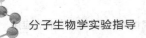

⑫ 30℃，200r/min，振荡培养 0.5h。

⑬ 加入适量体积的 DMSO，温和颠倒混匀。

⑭ 42℃水浴热休克 15min。

⑮ 置于冰上 5～10min，室温 12000r/min 离心细胞 5s。

⑯ 移去上清，根据铺的板数加入适量体积的 1×TE 重悬细胞。

⑰ 铺板，倒置平板于 30℃孵育直到克隆出现，鉴定阳性克隆，检测蛋白表达情况。

（3）构建 DNA-BD/靶蛋白质粒 pLexA-X，作为钓饵（bait）。

（4）钓饵质粒 pLexA-X 转化 EGY48（p8op-LacZ）细胞株，同时构建或扩增 DNA 文库并纯化足够的质粒以转化酵母细胞。

钓饵质粒 pLexA-X 转化 EGY48（p8op-LacZ）细胞株后用 SD/-His/-Ura 筛选；并用固体诱导培养基 SD/Gal/Raf/-His/-Ura 检测此 DNA-BD/靶蛋白是否具有直接激活报告基因的活性，以及对酵母细胞是否具有杀伤毒性。

预期结果如下。

转化质粒	选择培养基	克隆生长情况	说明
pLexA-Pos	SD/-His,-Ura	蓝	阳性对照
pLexA	SD/-His,-Ura	白	阴性对照
PlexA-X	SD/-His,-Ura	白	没有直接激活活性
PlexA-X	SD/-His,-Ura	蓝	具有直接激活活性
PlexA-X	SD/-His,-Ura	菌落不能生长	酵母细胞毒性

（5）如果 pLexA-X 能够自动激活报告基因，则设法去除其激活活性部位、或者将 LacZ 报告基因整合入基因组，减少 β-半乳糖苷酶的信号作用。如果 pLexA-X 虽然不会自动激活报告基因，但对酵母宿主细胞有毒性，则需要与纯化的文库 DNA 同时转化酵母。

（6）pLexA-X 与纯化的文库 DNA 同时或顺序转化酵母细胞，并检测质粒转化效率。

① 进行转化实验，预期结果如下。

转化质粒	SD 固体培养基	LacZ 表型
对照 1 pLexA-Pos	Gal/Raf/-His/-Ura	蓝
对照 2 pLexA-53＋pB42AD-T	Gal/Raf/-His/-Trp/-Ura/-Leu	蓝
实验 pLexA-X＋pB42AD-文库	Gal/Raf/-His/-Trp/-Ura/-Leu	

② 用 SD/-His/-Trp/-Ura 培养基选择阳性共转化子，并扩增，使宿主细胞

中的质粒在诱导前达到最大拷贝数。

③ 上述重组子转至含 X-gal 的固体诱导培养基 SD/Gal/Raf/-His/-Trp/-Ura/-Leu，观察 *LacZ* 及 *Leu* 报告基因的表达情形，蓝色克隆即为阳性。白色克隆为假阴性，说明 *Leu* 虽有表达，但 *β*-半乳糖苷酶无表达。

④ 将蓝色阳性克隆进行 1 次以上的平板纯化培养，尽可能分离克隆中的多种文库质粒。

(7) 阳性克隆的筛选

① 随机选取 50 个阳性克隆，扩增、抽提酵母质粒，电转化 *E. coli* KC8 宿主菌，抽提大肠杆菌中的质粒，酶切鉴定是否具有插入片段及排除相同的文库质粒。

② 如果重复的插入序列较多，可另取 50 个阳性克隆来分析。最后得到数种片段大小不同的插入序列，再转化新的宿主细胞，检测是否仍为阳性克隆。

(8) 用质粒自然分选法 (natural segregation) 筛除只含有 AD-文库杂合子的克隆

① 将初步得到的阳性克隆接种 SD/-Trp/-Ura 液体培养基培养 1～2d，含有 HIS3 编码序列的 BD-靶质粒在含有外源 His 培养基中，将以 10%～20% 的频率随机丢失。

② 将上述克隆，转接固体培养基 SD/-Trp/-Ura 平板，30℃ 孵育 2～3d。

③ 再挑取生长的单克隆，转入 SD/-Trp/-Ura 和 SD/-His/-Trp/-Ura 培养基中，筛选 His 表型缺陷的克隆，即得到只含有 AD-文库杂合子的重组子。

④ 将 His 表型缺陷的克隆转化固体诱导培养基 SD/Gal/Raf/-Trp/-Ura，以验证 AD-文库能否直接激活报告基因的表达，弃去阳性克隆，保留阴性克隆。

(9) 酵母杂合实验 (yeast mating) 确定真阳性克隆

在酵母 EGY48 及其对应的 YM4271 宿主细胞中分别转入相应的质粒或文库 DNA，通过杂合实验筛选 pLexA-靶 DNA 与 pB42AD-文库确实具有相互作用的真阳性克隆。

(10) 阳性克隆的进一步筛选和确证

① 扩增初步确定的阳性克隆，抽提酵母 DNA。该 DNA 为混合成分，既含有酵母基因组 DNA，也含有 3 种转化的质粒 DNA。

② 将上述 DNA 电转化 *E. coli* KC8 宿主菌。在 M9/SD/-Trp 培养基上，只有含有 AD-文库质粒的转化菌才能生长，将其扩增、并抽提质粒 DNA，酶切鉴定。

③ 用 pLexA-靶 DNA 与 pB42AD-库 DNA 一一对应、共转化只含有报告基因的酵母菌 EGY48 中，先到 SD/-His/-Trp/-Ura 板扩增，并与后面的诱导板形成对照，说明报告基因的表达与诱导 AD 融合蛋白的表达有关，再确证 *LacZ*、*Leu* 报告基因的表达。

④ 扩增与靶 DNA 相互作用的文库 DNA，进行序列分析及进一步的结构、功能研究。

(11) 对双杂交系统阳性结果的进一步研究

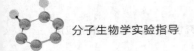

① 用不同的双杂交系统验证

a. 将载体 pLexA 与 pB42AD 互换后进行双杂交实验。

b. 选择不同的双杂交系统，如：以 GAL4 转录激活子为基础的双杂交系统。

c. 将文库质粒移码突变后，再与靶质粒作用，报告基因是否仍能被激活。

d. 去除或突变特定结合位点，定量检测 β-半乳糖苷酶水平，比较作用强度变化。

② 用试剂盒提供的引物测定插入片段的 DNA 序列，证明其编码区域。

③ 用其他的检测方法，如：亲和色谱法或免疫共沉淀法来证明双杂交系统筛选的蛋白之间的具有相互作用。

五、实验结果

pLexA-X＋pB42AD-文库转化菌在 Gal/Raf/-His/-Trp/-Ura/-Leu SD 固体培养基上显蓝色。

六、注意事项

（1）酵母双杂交并非对所有蛋白质都适用，这是由其原理所决定的。双杂交系统要求两种杂交体蛋白都是融合蛋白，都必须能进入细胞核内。

（2）假阳性的发生较为频繁。所谓假阳性，即指未能与诱饵蛋白发生作用而被误认为是阳性反应的蛋白。而且部分假阳性原因不清，可能与酵母中其他蛋白质的作用有关。

（3）在酵母菌株中大量表达外源蛋白将产生毒性作用，从而影响菌株生长和报告基因的表达。

（4）构建成功的诱饵质粒及大量的材料准备是进行酵母双杂交实验的保证。要对具体实验中各种选择性压力培养基的使用目的十分清楚。

（5）一个阳性克隆的编号往往要被反复记录多次，因此，要时时注意编号的正确性。

（6）若从公司购得待筛选的酵母 cDNA 文库，应注意不同的公司有不同的产品，且各公司的产品不断更新换代，要认真阅读实验指导手册，以防出现失误。

七、思考题

（1）酵母双杂交的原理是什么？

（2）如何设置对照实验以避免假阳性？

（3）如何制备酵母感受态细胞？

（4）质粒转化酵母细胞有哪些方法？影响转化效率的因素有哪些？

（5）如何进行阳性克隆的筛选和鉴定？

166

实验 18　RNA 干扰研究蛋白质功能

一、实验目的

（1）掌握 RNAi 的原理和主要技术流程。
（2）掌握 siRNA 设计的原则，学会设计 siRNA。
（3）掌握 siRNA 转染的方法。
（4）了解基因沉默的机制及研究方法。

二、实验原理

RNA 干扰（RNA interfering，RNAi）是由与靶基因序列同源的双链 RNA（double-stranded RNA，dsRNA）引发的生物体内的序列特异性基因转录后沉默的现象。RNA 干扰包括起始阶段和效应阶段，在起始阶段，细胞中的核糖核酸酶 III 家族成员之一、dsRNA 特异性的核酸酶 Dicer（dsRNA-specific endonuclease，Dicer）将 dsRNA 裂解成由 21～25 个核苷酸组成的小干扰 RNA（small interfering RNA，siRNA），随后 siRNA 双链结合一个核酶复合物形成 RNA 诱导沉默复合物（RNA-induced silencing complex，RISC）。RISC 的激活需要一个 ATP 依赖的将小分子 RNA 解双链的过程，激活的 RISC 通过碱基配对定位到同源 mRNA 转录本上，并在距离 siRNA $3'$-端 12 个碱基的位置切割 mRNA，降解的 mRNA 随后迅速地被细胞中其他的 RNA 酶降解，从而阻断相应基因的表达。

另外，还有研究证明含有启动子区的 dsRNA 在植物体内被切割成 21～23nt 长的片段，这种 dsRNA 可使内源相应的 DNA 序列甲基化，从而使启动子失去功能，使其下游基因沉默。

RNA 干扰的实验流程为：靶基因确认，siRNA 设计，siRNA 的制备，siRNA 的转染，RNAi 结果检测，功能研究。

三、实验仪器、材料及试剂

1. 仪器

超净工作台、CO_2 培养箱、微量移液器、水浴锅、琼脂糖凝胶电泳系统、蛋白凝胶电泳系统、凝胶成像系统、流式细胞仪等。

2. 材料

BALB/c 3T3、RNAi Human/Mouse Starter Kit（含 Alexa Fluor 488 标记的 nonsilencing siRNA 及 MAPK1 siRNA）。

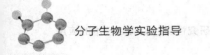

3. 试剂

DMEM、HEPES、RNAi-Mate、TE 等各种缓冲溶液。

四、实验步骤

1. 靶基因选择

2. siRNA 设计

（1）RNAi 目标序列的选取原则

① 从转录本（mRNA）的 AUG 起始密码开始，寻找"AA"二连序列，并记下其 3′-端的 19 个碱基序列，作为潜在的 siRNA 靶位点。正义链和反义链都采用这 19 个碱基（不包括 AA 重复）来设计。

② 避免在起始密码子或无义区域附近选择目的序列。

③ siRNA 序列的 GC 含量应为 30％～60％。

④ 在设计 siRNA 时不要针对 5′-和 3′-端的非编码区。

⑤ 将挑选的序列在公共数据库中进行比较以确保目的序列与其他基因没有同源性。

⑥ 将潜在的序列和相应的基因组数据库（人、小鼠或大鼠等）进行比较，排除那些和其他编码序列/EST 同源的序列。例如使用 BLAST（www. ncbi. nlm. nih. gov/BLAST/）。

⑦ 选出合适的目标序列进行合成。通常一个基因需要设计多个靶序列的 siRNA。

⑧ 可利用 www. RNAi. org 网站免费设计。

（2）阴性对照设计

① 普通阴性对照：与目的基因序列无同源性的通用阴性对照和将选中的 siRNA 序列打乱（scrambled）的普通阴性对照。

目前已证实的 siRNA 可以在下面网页中找到。

http：//design. dharmacon. com/catalog/category. aspx? key＝49

http：//www. ambion. com/techlib/tb/tb _ 502. html

http：//web. mit. edu/mmcmanus/www/siRNADB. html

http：//python. penguindreams. net/Order _ Entry/jsp/BrowseCatalog. jsp? Category＝Published

② 荧光标记阴性对照：与目的基因序列无同源性的荧光标记（6-FAM，6-羧基荧光素）通用阴性对照。

（3）阳性对照设计：GFP22、MAPK1 等。

3. siRNA 的制备

目前较为常用的方法有化学合成、体外转录、长片断 dsRNAs 经 RNase Ⅲ 类降解等体外制备 siRNA，siRNA 表达载体或者病毒载体、PCR 制备 siRNA 表达框等细胞内制备 siRNA。

例：化学合成法。提供给公司基因的序列或者自己设计的序列，由公司合成，合成周期大概 3 周。

4. siRNA 的转染

常见方法有：磷酸钙共沉淀法、电穿孔法、DEAE-葡聚糖、凝聚法、机械法、阳离子脂质体试剂转染法。例 RNAi-Mate 转染法。

（1）转染前一天，接种细胞于 24 孔板上，每孔 0.5mL 含 FBS 和抗生素的 DMEM 细胞培养基（或其他培养基）。

（2）在细胞板上培养细胞，使细胞在 24h 内汇合达到 40%～70%。

（3）在 50μL 的 DMEM 无血清培养基加入 1μg siRNA（或 0.8μg DNA），柔和混匀。

（4）混匀 RNAi-Mate 试剂，用 30μL 无血清的 DMEM 稀释 3μg RNAi-Mate 试剂，轻轻混匀，室温放置 5min。

（5）将稀释好的 siRNA 和 RNAi-Mate 试剂混合，定容到 100μL；轻柔混匀，室温放置 30min，以便形成 siRNA/RNAi-Mate 复合物。

（6）将 100μL siRNA/RNAi-Mate 复合物加到含有细胞和培养基的培养板的孔中，来回轻柔摇晃细胞培养板。

（7）细胞在 CO_2 培养箱中 37℃ 温育 24～48h 后，进行转染后的其他检测步骤。如果细胞株比较敏感，孵育 4～6h 后，除去复合物，更换培养基。

5. RNAi 结果检测

分别在不同时间段如 24h、48h、72h 检测干扰效率，应用 qRT-PCR 及 western 吸印检测 RNAi 效果。

（1）细胞总 RNA 的抽提

（2）RT 反应获得 cDNA

（3）PCR

（4）western 吸印

6. 根据干扰情况进行下一步实验和基因功能研究

五、实验结果

靶基因的表达受到抑制，表现为 mRNA 和蛋白质水平降低，甚至无蛋白表达，同时细胞或生物体出现基因表达受阻的表观性状。

六、注意事项

（1）选择最适合的 siRNA，才能取得好的干扰效果。

（2）选择合适的转染方法，以提高转染效率。

（3）转染前 siRNA 必须纯化，转染中避免 RNA 酶的污染。

（4）通过合适的阳性对照优化转染和检测条件。

七、思考题

(1) 6μL 浓度为 10μmol/L 的 siRNA 溶解液中含有多少 μg 的 siRNA？

(2) 常用的阴性对照有哪些类型？

(3) 为什么说阳性对照在 RNA 干扰实验中很重要？

(4) 如何筛选转染试剂？

(5) 转染过程中发现大量细胞死亡，应该如何处理？

(6) 沉默效果不理想，应该如何处理？

(7) 反义核酸和 RNAi 有何差异？

(8) 开始体内实验前需要注意什么问题？

实验 19 染色质共沉淀技术

一、实验目的

(1) 掌握染色质免疫沉淀技术的原理。

(2) 掌握染色质免疫沉淀技术的实验方法。

(3) 了解染色质免疫沉淀技术的应用。

二、实验原理

染色质免疫沉淀技术（chromatin immunoprecipitation assay，CHIP）是目前唯一研究体内 DNA 与蛋白质相互作用的方法，是利用抗原和抗体的特异性结合以及细菌蛋白质的"蛋白 A"特异性地结合到免疫球蛋白的 FC 片段的现象开发出来的方法。它的基本原理是在活细胞状态下固定蛋白质-DNA 复合物，并通过超声或酶处理将其随机切断为一定长度范围内的染色质小片段，然后通过抗原抗体的特异性识别反应沉淀此复合体，特异性地富集目的蛋白结合的 DNA 片段，通过对目的片断的纯化与检测，从而获得蛋白质与 DNA 相互作用的信息。它能真实、完整地反映结合在 DNA 序列上的调控蛋白，是目前确定与特定蛋白结合的基因组区域或确定与特定基因组区域结合的蛋白质的一种很好的方法。CHIP 不仅可以检测体内反式因子与 DNA 的动态作用，还可以用来研究组蛋白的各种共价修饰与基因表达的关系。

CHIP 与其他方法的结合，扩大了其应用范围：CHIP 与基因芯片相结合建立的 CHIP-on-chip 方法已广泛用于特定反式因子靶基因的高通量筛选；CHIP 与体内足迹法相结合，用于寻找反式因子的体内结合位点；RNA-CHIP 用于研究 RNA 在基因表达调控中的作用。

CHIP 的一般流程如下：甲醛处理细胞→收集细胞，超声破碎→加入目的蛋白的抗体，与靶蛋白-DNA 复合物相互结合→加入蛋白 A，结合抗体-靶蛋白-DNA 复合物，并沉淀→对沉淀下来的复合物进行清洗，除去一些非特异性结合→洗脱，得到富集的靶蛋白-DNA 复合物→解交联，纯化富集的 DNA-片断→PCR 分析。

三、实验仪器、材料及试剂

1. 仪器

离心管、超声仪、电泳仪、离心机等。

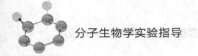

2. 材料

细胞，阳性对照：组蛋白抗体，阴性对照：IgG。

3. 试剂

甲醛、甘氨酸、PBS、SDS Lysis Buffer、洗脱液（洗脱液的配方：1mL 10％ SDS，1mL 1mol/L NaHCO₃，8mL ddH₂O，共10mL）、RNaseA、蛋白酶K、omega胶回收试剂盒、DMEM、各种缓冲液。

四、实验步骤

1. 细胞的甲醛交联与超声破碎

（1）取出1平皿细胞（10cm平皿，含9mL培养基），加入243μL 37％甲醛，使得甲醛的终浓度为1％，37℃孵育10min。

（2）加甘氨酸至终浓度为0.125mol/L，混匀后在室温下放置5min终止交联。

（3）吸尽培养基，用冰冷的PBS清洗细胞2次。

（4）细胞刮刀收集细胞于15mL离心管中（PBS依次为5mL，3mL和3mL）。预冷后2000r/min离心5min收集细胞。

（5）弃上清，按照细胞量加入SDS Lysis Buffer，使得细胞终浓度为$1×10^7$个/mL。再加入蛋白酶抑制剂复合物。

（6）超声破碎：VCX750，25％功率，4.5s冲击，9s间隙。共14次。

2. 除杂及抗体哺育

（1）超声破碎结束后，10000r/min，4℃离心10min去除不溶物质。转移上清到一个新的离心管中，留取500μL做实验，其余保存于−80℃。

500μL上清液中，100μL作阳性对照实验；100μL作阴性对照实验；100μL加抗体作为实验组；100μL不加抗体作为对照组；100μL加入NaCl解交联，电泳检测超声破碎的效果。

（2）在实验组和对照组的100μL超声破碎产物中，加入900μL ChIP Dilution Buffer和20μL的50×PIC，再各加入60μL ProteinA Agarose/Salmon Sperm DNA，4℃颠转混匀1h。

（3）4℃静置10min，700r/min离心1min。

（4）取上清。各留取20μL作为input。一管中加入1μL抗体，一管中不加抗体，一管中加IgG，一管中加组蛋白抗体，4℃颠转过夜。

3. 检验超声破碎的效果

取100μL超声破碎后产物，加入NaCl使NaCl终浓度为0.2mol/L，65℃处理3h解交联。分出一半用酚/氯仿抽提，电泳检测超声破碎效果。

4. 免疫复合物的沉淀及清洗

（1）孵育过夜后，每管中加入60μL ProteinA Agarose/Salmon Sperm DNA，4℃颠转2h。

（2）4℃静置 10min 后，700r/min 离心 1min。除去上清。

（3）依次用下列溶液清洗沉淀复合物。清洗的步骤为加入溶液，在 4℃颠转 10min，4℃静置 10min，700r/min 离心 1min，除去上清。

洗涤溶液：①低盐免疫复合物洗脱液，一次；②高盐免疫复合物洗脱液，一次；③LiCl 免疫复合物洗脱液，一次；④TE Buffer，二次。

（4）清洗完毕后，开始洗脱。每管加入 $250\mu L$ 洗脱 Buffer，室温下颠转 15min，静置离心后，收集上清。重复洗涤一次。最终的洗脱液为每管 $500\mu L$。

（5）解交联：每管中加入 NaCl 使 NaCl 终浓度为 0.2mol/L，混匀，65℃解交联过夜。

5. DNA 样品的回收

（1）解交联结束后，每管加入 $1\mu L$ RNaseA，37℃孵育 1h。

（2）每管加入 $10\mu L$ 0.5mol/L EDTA，$20\mu L$ 1mol/L Tris-HCl（pH6.5），$2\mu L$ 10mg/mL 蛋白酶 K，45℃处理 2h。

（3）DNA 片段的回收。omega 胶回收试剂盒，最终的样品溶于 $100\mu L$ ddH$_2$O。

（4）PCR 分析。

五、实验结果

实验筛选出与特定 DNA 片段相互作用的蛋白，并检测结合蛋白的修饰情况如组蛋白的各种共价修饰与基因表达的关系。

六、注意事项

（1）实验最需要注意的就是抗体的性质。抗体不同和抗原结合能力也不同，免染能结合未必能用在 IP 反应。只有经过 ChIP 实验验证后的抗体才能确保实验结果的可靠性，建议仔细检查抗体的说明书，特别是多抗的特异性是问题。

（2）注意溶解抗原的缓冲液的性质。多数的抗原是细胞构成的蛋白，特别是骨架蛋白，缓冲液必须要使其溶解。为此，必须使用含有强界面活性剂的缓冲液，尽管它有可能影响一部分抗原抗体的结合。另一面，如用弱界面活性剂溶解细胞，就不能充分溶解细胞蛋白。即便溶解也产生与其他的蛋白结合的结果，抗原决定族被封闭，影响与抗体的结合，即使 IP 成功，也是很多蛋白与抗体共沉的结果。

（3）为防止蛋白的分解、修饰，溶解抗原的缓冲液必须加蛋白酶抑制剂，低温下进行实验。每次实验之前，首先考虑抗体/缓冲液的比例。抗体过少就不能检出抗原，过多则就不能沉降在磁珠上，残存在上清。缓冲剂太少则不能溶解抗原，过多则抗原被稀释。

七、思考题

（1）染色质免疫沉淀技术实验中 Input 对照的作用是什么？

（2）染色质免疫沉淀技术实验中如何设置阳性对照和阴性对照？

（3）如何选择目标蛋白抗体？

（4）染色质免疫沉淀技术实验中如何排除非特异性结合？

（5）如何进行 RNA-CHIP？

实验 20　基因敲除实验

一、实验目的

（1）了解基因敲除的方法。
（2）掌握 TALEN 基因敲除技术的原理。
（3）了解 TALEN 基因敲除技术的主要操作步骤。
（4）了解 TALEN 基因敲除技术的应用。

二、实验原理

基因敲除（gene knock out）又称基因剔除，是 20 世纪 80 年代发展起来的、通过一定途径使机体特定基因失活或缺失的一种分子生物学技术。从分子水平上看，是将一个结构已知而其功能未知的基因去除，或者用其他顺序相近的基因取而代之的人工突变技术，用于研究基因的功能。

基因敲除的传统方法是应用 DNA 同源重组进行基因敲除，后发展为利用随机插入突变进行基因敲除，逆转录病毒、转座子、T-DNA 等常被作为基因的载体。2009 年出现了新的 ZFN（zinc finger nuclease）基因打靶技术。2011 年，TALEN [transcription activator-like（TAL）effector nuclease] 基因打靶技术成功创立。

TALEN 靶向基因敲除技术是一种崭新的分子生物学工具，现已应用于植物、细胞、酵母、斑马鱼及大、小鼠等各类研究对象。研究发现，Xanthomonas TAL 蛋白核酸结合域的氨基酸序列与其靶位点的核酸序列有较恒定的对应关系。TAL 的核酸识别单元为由 34 个氨基酸组成的模块中的双连氨基酸（RVD）。双连氨基酸与 A、G、C、T 有恒定的对应关系，即 NI 识别 A，NG 识别 T，HD 识别 C，NN 识别 G，非常简单明确。欲使 TALEN 特异识别某一核酸序列（靶点），只须按照靶点序列将相应 TAL 单元串联克隆即可。因此利用来自 Xanthomonas TAL 的序列模块，构建针对任意核酸靶序列的重组核酸酶，即可在特异的位点打断目标基因，敲除该基因的功能。目前，TALEN 系统利用 FokI 的内切酶活性打断目标基因。因 FokI 需形成 2 聚体方能发挥活性，在实际操作中需在目标基因中选择两处相邻（间隔 17 碱基）的靶序列分别进行 TAL 识别模块构建。

三、实验仪器、材料及试剂

1. 仪器
PCR 仪、水浴锅、离心机、电泳仪、凝胶成像系统、电融合仪等。

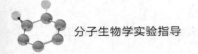

2. 材料

1单元模块质粒（pTALE-A 等四种）、TALEN 空载体、pCS2 TALEN 真核表达质粒、293T 细胞或其他细胞系、小鼠或大鼠。

3. 试剂

DMEM 等细胞培养用液、各种限制性内切酶、各种缓冲溶液如电泳缓冲液、PCR 缓冲液等。

四、实验步骤

（1）确定靶点：选择目标基因外显子中相隔 17～18bp 的两段 14～18bp 序列作为靶点。

（2）TAL 靶点识别域的克隆构建。

（3）将两个靶点识别模块分别克隆入真核表达载体，得到 TALEN 质粒对，此真核表达载体含有 TAL 的其他必需结构域并在 C-端融合有 FokI 序列。

（4）将 TALEN 质粒对共转入细胞中实现靶基因敲除。

（5）筛选突变体

利用实验设计时挑选的，位于相邻靶位点之间的特异性内切酶位点，可进行 PCR 产物酶切鉴定以筛选发生目标基因敲除的突变个体。当左右靶点之间没有合适的酶切位点时可使用 CEL-I 核酸酶检测。

五、实验结果

获得基因敲除细胞或模型动物。

六、注意事项

（1）在利用 TALEN 技术进行靶向基因敲除前须对目标基因的生物学背景有充分的了解，如 mRNA 剪接体的种类、目标基因的翻译起始位点等，以选择有效的靶点。

（2）靶点的选择有多样性，注意选择合适的位点。

（3）选择合适的 TALEN 质粒转化方法。

实验 21　基因敲低实验

一、实验目的

（1）了解基因敲低的方法。

（2）掌握吗啉寡聚核苷酸的原理和实验设计。

（3）了解基因敲的应用。

二、实验原理

　　基因敲低（gene knock down），又称基因抑制，是指通过一定途径使细胞的基因不表达或低表达的一种分子生物学技术。常用的技术是通过插入与目的基因（或其转录本）互补的寡核苷酸片段，引起基因突变产生基因敲低突变体或导致基因表达水平的降低（瞬时敲低）。

　　在瞬时敲低中，寡核苷酸通过抑制转录、降解 mRNA 或抑制翻译起作用，常用的技术有 siRNA、RNase-H 依赖的反义、吗啉寡聚核苷酸等。siRNA 的原理详见实验 7。

　　吗啉寡聚核苷酸属于第三代反义寡核苷酸，主要通过阻断蛋白质翻译过程达到抑制目标基因功能的作用。吗啉寡聚核苷酸以吗啉环类似物为基本骨架，与其他类型的反义寡核苷酸相比，能更好地抵抗核酸酶的作用，不激活 RNaseH，不引起目标基因 mRNA 的降解，且与靶序列结合能力强，特异性好。目前已经广泛用于发育生物学和细胞学实验中，发育生物学家通过将吗啉寡聚核苷酸注入卵子或者斑马鱼、青蛙、海鞘、海胆等的受精卵中研究胚胎发育，细胞生物学家利用吗啉寡聚核苷酸研究新经过测序的基因的功能。

三、实验仪器、材料及试剂

1. 仪器

超净工作台、CO_2 培养箱、微量移液器、水浴锅、琼脂糖凝胶电泳系统、蛋白凝胶电泳系统、凝胶成像系统、显微注射仪等。

2. 材料

BALB/c 3T3、吗啉寡聚核苷酸试剂盒。

3. 主要试剂

DMEM、HEPES、胰酶、TE 等各种缓冲溶液。

四、实验步骤

（1）siRNA（参见实验 18）

177

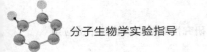

（2）靶基因选择

（3）吗啉寡聚核苷酸设计

可以提供给公司基因的名称或序列由公司设计合成，或自己设计序列交给公司合成，合成周期大概三个星期。

（4）培养细胞（发育生物学研究需根据要求制备细胞）

（5）转染

采用细胞刮刀法（胚胎干细胞采用显微注射）。

① 培养细胞，使细胞在 24h 内汇合达到 40%～70%。

② 按 53μL 吗啉寡聚核苷酸/1mL 培养基加入 200μmol/L 的吗啉寡聚核苷酸贮存液。

③ 轻轻晃动培养板，混匀 10s。

④ 用细胞刮刀刮下细胞。

⑤ 轻轻颠倒混合细胞两次。

⑥ 将细胞转移至新的培养板培养。

（6）分别在不同时间段检测基因敲低效果，用 real-time PCR、Northern、Western 检测（发育生物学研究进行胚胎发育、遗传性状等相关观察和检测）。

（7）根据以上结果进行下一步实验。

五、实验结果

与对照比，目的基因的表达水平下降。

六、注意事项

（1）吗啉寡聚核苷酸的作用方式有剪切模式和翻译模式，进行设计时需要向公司说明设计用途，以便于后续的实验分析。

（2）不同细胞的最适转染方法不同，具体实验中需要进行转染方法筛选。本实验方案只适合贴壁良好的细胞的转染。

（3）转染时的细胞密度和吗啉寡聚核苷酸的量影响转染效率。

七、思考题

（1）吗啉寡聚核苷酸与 siRNA 有何区别？

（2）影响吗啉寡聚核苷酸转染效率的因素有哪些？

（3）吗啉寡聚核苷酸能否作为 PCR 引物用于敲低效果检测？

（4）如何进行悬浮培养细胞的吗啉寡聚核苷酸转染？

（5）请设计另外一个基因敲低方案。

第四部分 考研例题及常考的分子生物学实验技术

(1) 设计一组实验

① 克隆一个你感兴趣的基因。

② 对基因产物大量表达与纯化。

③ 然后研究该基因的生物学功能。

(2) 假如你进入实验室开始研究一个小鼠 DNA 结合蛋白的生物学功能

① 设计实验确定其编码基因在小鼠细胞内的表达水平。

② 设计实验确定该蛋白的那个结构域具有 DNA 结合功能。

③ 如何确定该蛋白在小鼠体内的生物学功能。

(3) 真核细胞 mRNA 由 II 型 RNA 聚合酶转录，需要 II 型启动子和转录因子 TF II A，TF II B，TF II D，TF II E 和 TF II H 等

① 请设计实验证明这些转录因子和 RNA 聚合酶 II 结合到启动子的顺序。

② 请设计实验证明 TF II D 复合体可以单独准确结合在启动子的 TATA box 上。

③ TF II D 复合体包括哪些蛋白质？如果你有其中一个蛋白质的抗体，并知道其他几个蛋白质的大小，请设计实验验证 TF II D 复合体的组分。

(4) 已知基因 a 为真核生物的可诱导基因，在诱导物 B（B 为一种小分子化合物）的作用下可诱导表达。基因 a 序列已知，其上有启动子序列亦已知，生物信息学分析发现该基因上游（-187bp）存在 ACGTCA 调控元件，并已知该调控元件能够被 c 基因编码产物（即 C 蛋白）结合。请设计三种不同实验证明该调控元件是否参与 a 基因诱导表达的调控。

(5) 某科学家发现一种新的野生植物，准备对该植物进行分子生物学研究，请设计实验制备该植物的 cDNA 文库。

(6) 某学生希望使其感兴趣的一个基因在大肠杆菌里的表达严格受碳源供应的调控，譬如，当他在含葡萄糖的培养基中培养含有他感兴趣基因的大肠杆菌时，该基因不表达，但当他将该菌离心收集并置入乳糖培养基时，该基因可以大量表达。你建议该学生如何实现他/她的想法呢？你建议的根据是什么？

参 考 文 献

[1] 张璐，钟雄霖，彭朝晖等 . 用 T7 RNA 聚合酶体外转录合成大鼠肝 tRNA . 生物化学与生物物理进展，1997，24（1）：78-82.

[2] 魏群等 . 分子生物学实验指导 . 北京：高等教育出版社，2007.

[3] F. M 奥斯伯等 . 精编分子生物学实验指南 . 马学军等译 . 北京：科学出版社，2005.

[4] 李昭铉 . 应用分子生物学 . 北京：人民卫生出版社，2010.

[5] 杨荣武 . 分子生物学 . 南京：南京大学出版社，2007.

[6] 药立波 . 医学分子生物学实验技术 . 北京：人民卫生出版社，2011.

[7] 廖玉才，李和平 . 小麦苯丙氨酸解氨酶基因和几丁质酶基因转录起始点的鉴定 . 遗传，1997，19（5）：10-13.

[8] 张牧霞，张瑶，赵萌等 . 人 A4GNT 基因 5′调控区的结构和功能分析 . 中国生物化学与分子生物学报，2010，26（10）：955-961.